职业教育机电类专业课程改革创新规划教材

电气控制与 PLC 应用技术
（西门子机型）

丛书主编　李乃夫

主　　编　钟　晓

副 主 编　范玉兰

参　　编　黎胜然　肖俊升

電子工業出版社.
Publishing House of Electronics Industry
北京·BEIJING

内 容 简 介

本书以工程实际应用为出发点，介绍电气控制理论和技能，以及 PLC 的工作原理、指令的应用及系统维护。主要内容包括：电气入门、经典控制电路应用、PLC 入门、基本指令应用、顺控指令应用、功能指令应用及系统安装与维护 7 个项目。

本书采用"模块化"的理实一体化结构体系安排内容，每个项目均包括任务呈现、知识准备、任务实施、评价表，并附有练习题，便于知识和技能的学习。本书还配有阅读材料，可帮助广大学生扩充知识面，了解新技术、新工艺，让学生能掌握电气控制领域的最新技术和发展未来。

本书既可作为职业院校电气类专业的教学用书，还可作为中级维修电工考证的参考用教材。

未经许可，不得以任何方式复制或抄袭本书之部分或全部内容。

版权所有，侵权必究。

图书在版编目（CIP）数据

电气控制与 PLC 应用技术：西门子机型 / 钟晓主编. —北京：电子工业出版社，2016.2
职业教育机电类专业课程改革创新规划教材

ISBN 978-7-121-27936-2

Ⅰ. ①电… Ⅱ. ①钟… Ⅲ. ①电气控制－职业教育－教材②plc 技术－职业教育－教材 Ⅳ. ①TM571.2
②TM571.6

中国版本图书馆 CIP 数据核字（2015）第 309835 号

策划编辑：张　凌
责任编辑：白　楠
印　　刷：北京盛通数码印刷有限公司
装　　订：北京盛通数码印刷有限公司
出版发行：电子工业出版社
　　　　　北京市海淀区万寿路 173 信箱　邮编　100036
开　　本：787×1 092　1/16　印张：13.25　字数：339.2 千字
版　　次：2016 年 2 月第 1 版
印　　次：2025 年 2 月第 10 次印刷
定　　价：30.00 元

前　言

《电气控制与 PLC 应用技术（西门子机型）》以工程实际应用为出发点，电气控制部分，通过了解、掌握石材切割机、载货升降机、CA6140 车床及消防泵等的应用及工作原理，达到掌握电气控制理论和技能的目的；PLC 部分，以西门子 200 系列为控制器，通过了解、掌握卷扬机、皮带运输机、十字交通灯、锅炉的应用及任务的软、硬设计，来掌握 PLC 的工作原理、指令的应用及系统维护技能。

本书内容包括：电气入门、经典控制电路应用、PLC 入门、基本指令应用、顺控指令应用、功能指令应用及系统安装与维护等 7 个项目。在内容编排上，既注重介绍基本的电气控制的理论知识，又注重介绍实际工程所需要的操作技能，强调理论联系实际，着重培养学生的动手能力、分析解决实际问题的能力及良好的职业素养。

本书在内容结构方面力求新颖，采用"模块化"的理论实践一体化结构体系安排内容，每个项目均包括任务呈现、知识准备、任务实施、评价表，并附有练习题，便于知识和技能的学习。本书附有阅读材料，可帮助广大学生扩充知识面，了解新技术、新工艺，让学生能掌握电气控制领域的最新技术和发展未来。

本书既可作为职业院校电气类专业的教学用书，还可作为中级维修电工考证的参考用教材。

本书由广州市土地房产管理职业学校钟晓任主编，广州市机电高级技工学校范玉兰任副主编，广州市机电高级技工学校黎胜然、肖俊升参与了编写。因时间仓促，教材难免存在疏漏之处，敬请各位同仁批评指正，以便持续改进！

注：书中带*的任务是较难的任务，可选学。

编　者

目　录

项目 1 电气入门

项目描述

本项目中，首先介绍日常生活、生产中的各种机电产品的控制系统，了解不同控制系统的特点及应用。然后，在车间认识及了解 CA6140 车床：首先认识车床上所有的电气元件，看懂元件布局图、元件接线图、电气原理图，再自己动手绘制图纸、按图施工安装控制电路图，能简单排查电气元件的故障，达到实现电气入门的目的。

任务 1　控制系统

任务呈现

机电产品指的是机械和电气设备的总和。控制系统是指由控制主体、控制客体和控制媒体组成的具有目标和功能的管理系统。在实际生产和日常生活中会遇到许多不同的机电产品，它们有不同的控制系统。

任务要求

区分如图 1-1-1 所示的分别属于什么控制系统，了解不同控制系统的优缺点。

知识准备

电气控制技术是以各类以电动机为动力的传动装置与系统为对象，实现生产过程自动化的控制技术。电气控制系统是其中的主干部分，在国民经济各行业中的许多部门得到广泛应用，是实现工业生产自动化的重要技术手段。

随着科学技术的不断发展、生产工艺的不断改进，特别是计算机技术的应用、新型控制策略的出现，电气控制技术的面貌不断发生变化：在控制方法上，从手动控制发展到自动控制；在控制功能上，从简单控制发展到智能化控制；在操作上，从笨重发展到信息化处理；在控制原理上，从单一的有触头硬接线继电器逻辑控制系统发展到以微处理器或微计算机为中心的网络化自动控制系统。

（a）

（b）

（c）

图 1-1-1 机电产品控制系统

1．继电器控制系统

继电器控制系统是指驱动电源的全部电压按照控制偏差值符号的正负，正向或反向地加到执行电动机上。它是最早的但至今仍是许多生产机械设备广泛采用的基本电气控制形式，也是学习更先进电气控制系统的基础。

继电器控制系统主要由继电器、接触器、按钮、行程开关等组成，由于其控制方式是断续的，故称为断续控制系统。它具有控制简单、方便实用、价格低廉、易于维护、抗干扰能力强等优点。但其接线方式固定，灵活性差，难以适应复杂和程序可变的控制对象的需要，且工作频率低，触点易损坏，可靠性差。常见继电器如图 1-1-2 所示，继电器控制系统应用如图 1-1-3 所示。

图 1-1-2 常见继电器

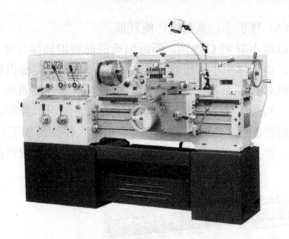

图 1-1-3 继电器控制系统应用

2. PLC 控制系统

PLC（英文全称：Programmable Logic Controller）是可编程逻辑控制器的简称。PLC 控制系统是以软件手段实现各种控制功能、以微处理器为核心的，是 20 世纪 60 年代诞生并开始发展起来的一种新型工业控制装置。可编程控制器技术是以硬接线的继电器—接触器控制为基础，逐步发展为既有逻辑控制、计时、计数，又有运算、数据处理、模拟量调节、联网通信等功能的控制装置。PLC 控制系统有如下特点。

（1）可靠性高，抗干扰能力强。

高可靠性是电气控制设备的关键性能。PLC 由于采用现代大规模集成电路技术，采用严格的生产工艺制造，内部电路采取了先进的抗干扰技术，具有很高的可靠性。从 PLC 的机外电路来说，使用 PLC 构成的控制系统和同等规模的继电接触器系统相比，电气接线及开关接点已减少到数百甚至数千分之一，故障也就大大降低。此外，PLC 带有硬件故障自我检测功能，出现故障时可及时发出警报信息。

（2）配套齐全，功能完善，适用性强。

PLC 发展到今天，已经形成了大、中、小各种规模的系列化产品，可以用于各种规模的工业控制场合。除了逻辑处理功能以外，现代 PLC 大多具有完善的数据运算能力，可用于各种数字控制领域。近年来，PLC 的功能单元大量涌现，使 PLC 渗透到了位置控制、温度控制、CNC 等各种工业控制中，加上 PLC 通信能力的增强及人机界面技术的发展，使用 PLC 组成各种控制系统变得非常容易。

（3）易学易用，深受工程技术人员欢迎。

PLC 作为通用工业控制计算机，是面向工矿企业的工控设备。它接口容易，编程语言易于为工程技术人员接受。梯形图语言的图形符号与表达方式和继电器电路图相当接近，只用 PLC 的少量开关量逻辑控制指令就可以方便地实现继电器电路的功能。这为不熟悉电子电路、不懂计算机原理和汇编语言的人使用计算机从事工业控制打开了方便之门。

（4）系统的设计、建造工作量小，维护方便，容易改造。

PLC 用存储逻辑代替接线逻辑，大大减少了控制设备外部的接线，使控制系统设计及建造的周期大为缩短，同时维护也变得容易起来。更重要的是使同一设备通过改变程序改变生产过程成为可能。这很适合多品种、小批量的生产场合。

（5）体积小，重量轻，能耗低。

以超小型 PLC 为例，新近出产的品种的底部尺寸小于 100mm，重量小于 150g，功耗仅数瓦。由于体积小，很容易装入机械内部，是实现机电一体化的理想控制设备。

PLC 控制系统正逐步取代传统的继电器控制系统，广泛应用于冶金、采矿、建材、机械制造、石油、化工、汽车、电力、造纸、纺织、装卸、环保等各个行业中。在自动化领域，可编程控制器、CAD/CAM 与工业机器人并称为加工制造业自动化的三大支柱，其应用日益广泛。常见的 PLC 如图 1-1-4 所示，PLC 控制系统产品如图 1-1-5 所示。

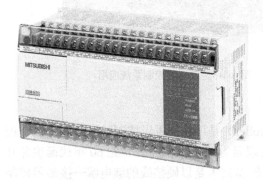

图 1-1-4　常见的 PLC

图 1-1-5　PLC 控制系统产品

3. 单片机控制系统

单片机（Single chip microcomputer）是一种集成电路芯片。单片机控制系统是采用超大规模集成电路技术，把具有数据处理能力的中央处理器 CPU、随机存储器 RAM、只读存储器 ROM、多种 I/O 口和中断系统、定时器/计数器等功能（可能还包括显示驱动电路、脉宽调制电路、模拟多路转换器、A/D 转换器等电路）集成到一块硅片上构成的一个小而完善的微型计算机系统。单片机控制系统有如下特点。

（1）高集成度，体积小，高可靠性。

单片机将各功能部件集成在一块晶体芯片上，集成度很高，体积自然也是最小的。芯片本身是按工业测控环境要求设计的，内部布线很短，其抗工业噪声性能优于一般通用的 CPU。单片机程序指令、常数及表格等固化在 ROM 中，不易破坏，许多信号通道均在一个芯片内，故可靠性高。

（2）控制功能强。

为了满足对对象的控制要求，单片机的指令系统具有极丰富的条件分支转移能力、I/O 口的逻辑操作及位处理能力，非常适用于实现专门的控制功能。

（3）低电压，低功耗，便于生产便携式产品。

为了可应用于便携式系统，许多单片机内的工作电压仅为 1.8V～3.6V，而工作电流仅为数百微安。

（4）易扩展。

单片机内具有计算机正常运行所必需的部件。芯片外部有许多供扩展用的三总线及并行、串行输入/输出管脚，很容易构成各种规模的计算机应用系统。

（5）优异的性能价格比。

单片机的性能极高。为了提高速度和运行效率，单片机已开始使用 RISC 流水线和 DSP

等技术。单片机的寻址能力也已突破 64KB 的限制，有的已可达到 1MB 和 16MB，片内的 ROM 容量可达 62MB，RAM 容量则可达 2MB。由于单片机的广泛使用，因而销量极大，各大公司的商业竞争更使其价格十分低廉，其性能价格比极高。

应用范围：目前，单片机渗透到我们生活的各个领域，几乎很难找到哪个领域没有单片机的踪迹。它广泛应用于仪器仪表、医用设备、航空航天、专用设备的智能化管理及过程控制等领域，特别是日常生活中许多的智能家居及用品都是由单片机控制系统来控制的。如图 1-1-6 所示为常见单片机，如图 1-1-7 所示单片机控制系统产品。

图 1-1-6 常见单片机

图 1-1-7 单片机控制系统产品

4. 继电器与 PLC 控制系统的比较

（1）从控制方式上看：继电器控制是硬接线，逻辑一旦确定，要改变逻辑或增加功能很困难；而 PLC 是软接线，只须改变控制程序就可轻易改变逻辑或增加功能。

（2）从工作方式上看：继电器控制属于并行工作，各继电器处于受控状态；而 PLC 采用周期性循环扫描工作方式，属于串行工作，不受制约。

（3）从控制速度上看：继电器控制速度慢，触点易抖动；而 PLC 通过半导体来控制，速度很快，无触点，故而无抖动一说。

（4）从定时、记数上看：继电器控制的定时精度不高，容易受环境温度变化影响，且无记数功能；PLC 时钟脉冲由晶振产生，精度高，定时范围宽，有记数功能。

（5）从可靠、维护上看：继电器控制触点多，会产生机械磨损和电弧烧伤，接线也多，可靠、维护性能差；PLC 无触点，寿命长，且有自我诊断功能和对程序执行的监控功能，现场调试和维护方便。

🎨 任务实施

通过阅读及老师讲解，介绍电气产品的不同控制系统。老师带学生参观电梯的控制柜，到车间看普通机床的控制电路，实际拆解旧洗衣机的控制电路板，让学生分析说明其属于哪种控制系统，并尝试举例现实生活生产中采用不同控制系统的机电产品。填写完成表 1-1-1。

表 1-1-1　常见机电产品的归类

机 电 产 品	控 制 系 统	归 类
玩具机器人、空调、普通机床、农村水泵、洗衣机、智能风扇、牛奶生产流水线、智能豆芽机、手机、相机、地铁控制系统、洲际导弹	继电器控制系统	
	PLC 控制系统	
	单片机控制系统	

任务评价

通过以上学习，根据任务实施过程，填写表 1-1-2，完成任务评价。

表 1-1-2　机电产品控制系统任务评价表

班级		学　号		姓　名		日　期	
序号	评 价 内 容				要　求	自　评	互　评
1	能举例日常生活中不同的机电产品，并分析说明其属于哪种控制系统				思路清晰，说明原因		
2	能阐述 PLC 控制系统与继电器控制系统的区别				完全清晰，有说服力		
教师评语							

任务 2　电气元件

任务呈现

在国防工业、工矿企业、交通运输、日常生活等领域应用的电气控制设备中，采用的基本上都是低压电器，低压电器是电气控制系统中的基本组成元件。电气设备能否正常运行与低压电器的性能、好坏状态有直接的关系。因此，作为电气工程技术人员，应该熟悉低压电器的结构、工作原理和使用方法，以便熟练安装、维修电器硬件，使得设备控制系统正常运行。

任务要求

观察 CA6140 车床电气控制柜，找出全部的电气元件并说出它们的名称、符号、工作原理，并能根据故障现象分析可能原因，并对元件做简单的维护。

知识准备

电器是指在电能的生产、输送、分配和使用中，能根据外界信号（机械力、电动力和其他物理量）和要求，手动或自动地接通、断开电路，以实现对电路或非电对象的切换、控制、保护、检测、变换和调节的元件或设备。我国现行标准规定：工作在交流 50Hz、额定电压 1200V 及以下或直流额定电压 1500V 及以下的电路中的电器为低压电器。

低压电器种类繁多，作用、构造及工作原理各不相同，因而有多种分类方法。低压电器的分类见表1-2-1。

表1-2-1 低压电器的分类

分类方式	类型	说明
按功能用途分类	低压配电电器	主要用于低压配电系统中，实现电能的输送、分配及保护电路和用电设备的作用。包括刀开关、组合开关、熔断器和自动开关等
	低压控制电器	主要用于电气控制系统中，实现发布指令、控制系统状态及执行动作等作用。包括接触器、继电器、主令电器和电磁离合器等
按工作原理分类	电磁式电器	根据电磁感应原理来动作的电器。如交流、直流接触器，各种电磁式继电器，电磁铁等
	非电量控制电器	依靠外力或非电量信号（如速度、压力、温度等）的变化而动作的电器。如转换开关、行程开关、速度继电器、压力继电器、温度继电器等
按动作方式分类	自动电器	自动电器指依靠电器本身参数变化（如电、磁、光等）而自动完成动作切换或状态变化的电器。如接触器、继电器等
	手动电器	手动电器指依靠人工直接完成动作切换的电器。如按钮、刀开关等

一、开关电器

（一）刀开关

刀开关又称闸刀开关（QS），是一种结构最简单、应用最广泛的手动低压电器。刀开关在电路中主要作为隔离电源开关使用，用于不频繁地接通和断开工作设备的电源，以确保电路和设备维修的安全。

1. 结构及符号

刀开关由操作手柄、闸刀（动触头）、刀座（静触头）和绝缘底板等组成，如图1-2-1（a）所示。常用的刀开关有开启式负荷开关和封闭式负荷开关。刀开关的电气符号如图1-2-1所示。

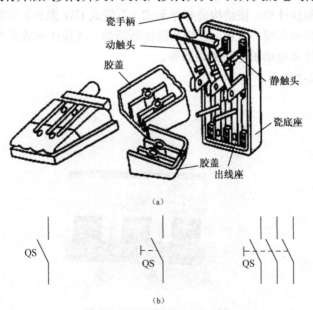

图1-2-1 刀开关的结构及电气符号

2. 分类

（1）按刀的级数分：单极、双极和三极；

（2）按灭弧装置分：带灭弧装置和不带灭弧装置；

（3）按刀的转换方向分：单掷和双掷；

（4）按接线方式分：板前接线和板后接线；

（5）按操作方式分：手柄操作和远距离联杆操作；

（6）按有无熔断器分：带熔断器和不带熔断器。

3. 安装操作注意事项

安装刀开关时，手柄要向上，不得倒装或平装。如果倒装，拉闸后手柄可能会由于重力而自动下落，引起误动作合闸。接线时，应将电源线接在上端，负载线接在下端，这样当开关断开后，刀开关的触刀与电源隔离，闸刀和熔丝均不带电，既便于更换熔丝，又可防止可能发生的意外事故。

操作封闭式负荷开关（又称铁壳开关）时，人要在铁壳开关的手柄侧，不要面对开关，以免意外故障使开关爆炸，铁壳飞出伤人。开关外壳应可靠接地，以防止意外漏电而造成触电事故。

（二）低压断路器

低压断路器（QF）俗称自动开关或空气开关，为符合 IEC 国际标准，现统一使用低压断路器这一名称，简称断路器。低压断路器是用于保护交流 500V 或直流 400V 以下的低压配电网和电力拖动系统的常用的一种配电电器，可用于不频繁接通和分断负载电路，而且当电路发生过载、短路或失压等故障时，能自动切断电路，有效地保护串接在它后面的电气设备。它相当于刀开关、过电流继电器、失电压继电器、热继电器及漏电保护器等电器部分或全部的功能总和，是低压配电网中一种重要的保护电器。

低压断路器的种类较多，按用途分有配电（照明）限流、灭磁、漏电保护等几种；按动作时间分有一般型和快速型；按结构分有框架式（万能式 DW 系列）和塑料外壳式（装置式 DZ 系列）；按极数分有单极、双极、三极和四极断路器；按操作方式分有直接手柄操作、杠杆操作、电磁铁操作和电动机操作断路器等。

实物图如图 1-2-2 所示。

图 1-2-2 低压断路器实物图

电气符号如图 1-2-3 所示。

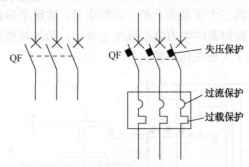

图 1-2-3　低压断路器电气符号

1. 结构组成

低压断路器主要由触点系统、灭弧装置、保护装置、自由脱扣机构和操作机构等四大部分组成。

（1）触点系统

触点系统一般有主触点和灭弧触点，大电流的断路器还有辅助触点，这三种触点并联接在电路中。正常工作时主触点承载负载电流；开断时灭弧触点熄灭电弧，保护主触点。当电路接通时，灭弧触点先接通，主触点后接通，断开电路时顺序相反。辅助触点的工作在主触点和灭弧触点之间，也起保护主触点的作用。

（2）灭弧装置

灭弧装置大多为栅片式，灭弧罩采用三聚氰胺耐弧塑料压制，两壁装有绝缘隔板，防止相间非弧，灭弧室上方装设三聚氰胺玻璃布板制成的灭弧栅片，以缩少飞弧距离。

（3）保护装置

保护装置由各种脱扣器构成。脱扣器用于接收操作命令或电路非正常情况的信号，以机械动作或触发电路的方法，脱扣机构的动作部件，以实现短路、欠电压、失电压、过载等保护功能。它包括过电流脱扣器、失压脱扣器、分励脱扣器和热脱扣器，另外还可以装设半导体或带微处理器的脱扣器。

（4）自由脱扣机构和操作机构

自由脱扣机构是用来联系操作机构与触点系统的机构，当操作机构处于闭合位置时，也可由自由脱扣机构进行脱扣，将触头断开。

操作机构是实现断路器闭合、断开的机构，分为手动操作机构、电磁铁操作机构、电动机操作机构等。

2. 工作原理

低压断路器工作原理结构示意图如图 1-2-4 所示。三个主触头串联在被保护的三相主电路中，开关的主触头是靠操作机构手动或电动合闸的，并由自由脱扣机构将主触头锁在合闸位置上。当线路正常工作时，搭钩勾住主触头的弹簧，使主触头保持闭合状态。

当线路发生一般性过载时，过载电流虽不能使电磁脱扣器动作，但能使热元件产生一定热量，促使双金属片受热向上弯曲，推动杠杆使搭钩与锁扣脱开，将主触头分断，切断电源，实现了过载保护。当线路发生短路或严重过载时，短路电流超过瞬时脱扣整定电流值，电磁脱扣器产生足够大的吸力，将衔铁吸合并撞击杠杆，使搭钩绕转轴座向上转动与锁扣脱开，锁扣在反力弹簧的作用下将三个主触头分断，切断电源，实现了短路保护。当线路上电压下降或失去电压时，欠电压脱扣器的吸力减小或失去吸力，衔铁被弹簧拉开，撞击杠杆把搭钩顶开，切断主触头，实现了欠压失压保护。

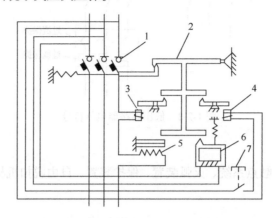

图 1-2-4 低压断路器工作原理结构示意图

1—主触头；2—自由脱扣器；3—过电流脱扣器；4—分励脱扣器；
5—热脱扣器；6—失压脱扣器；7—按钮

3．选用原则

选用低压断路器应注意以下几点：

（1）应根据使用场合和保护要求选择断路器的类型，一般选用塑壳式断路器；额定电流较大或有选择性保护要求时，采用框架式断路器；短路电流较大时，选用限流型断路器。

（2）断路器的额定电压、额定电流应大于或等于线路、设备的正常工作电压、工作电流。

（3）断路器的极限通断能力应大于或等于电路的最大短路电流。

（4）过电流脱扣器的额定电流应大于或等于线路的最大负载电流。

（5）欠电压脱扣器的额定电压应等于线路的额定电压。

4．故障处理

低压断路器常见故障及其处理方法见表 1-2-2。

表 1-2-2 低压断路器常见故障及其处理方法

故 障 现 象	产 生 原 因	处 理 方 法
手动操作断路器不能闭合	1．电源电压太低； 2．热脱扣器的双金属片尚未冷却复原； 3．欠电压脱扣器无电压或线圈损坏； 4．储能弹簧变形，导致闭合力减小； 5．反作用弹簧力过大	1．检查电路并调高电源电压； 2．待双金属片冷却后再合闸； 3．检查电路，施加电压或调换线圈； 4．调换储能弹簧； 5．重新调整弹簧反力
电动操作断路器不能闭合	1．电源电压不符； 2．电源容量不够； 3．电磁铁拉杆行程不够； 4．电动机操作定位开关变位	1．调换电源； 2．增大操作电源容量； 3．调整或调换拉杆； 4．调整定位开关

续表

故 障 现 象	产 生 原 因	处 理 方 法
电动机启动时断路器立即分断	1. 过电流脱扣器瞬时整定值太小； 2. 脱扣器某些零件损坏； 3. 脱扣器反力弹簧断裂或落下	1. 调整瞬时整定值； 2. 调换脱扣器或损坏的零部件； 3. 调换弹簧或重新装好弹簧
分励脱扣器不能使断路器分断	1. 线圈短路； 2. 电源电压太低	1. 调换线圈； 2. 检修线路调整电源电压
欠电压脱扣器噪声大	1. 反作用弹簧力太大； 2. 铁芯工作面有油污； 3. 短路环断裂	1. 调整反作用弹簧； 2. 清除铁芯油污； 3. 调换铁芯
欠电压脱扣器不能使断路器分断	1. 反力弹簧力变小； 2. 储能弹簧断裂或弹簧力变小； 3. 机构生锈卡死	1. 调整弹簧； 2. 调换或调整储能弹簧； 3. 清除锈污

（三）转换开关

转换开关又称组合开关（SA），与刀开关的操作不同，它是左右旋转的平面操作。转换开关具有多触点、多位置、体积小、性能可靠、操作方便、安装灵活等优点，多用于机床电气控制线路中电源的引入开关，起着隔离电源的作用，还可作为直接控制小容量异步电动机不频繁启动和停止的控制开关。转换开关同样也分为单极、双极和三极。

转换开关实物图如图 1-2-5 所示。

图 1-2-5　转换开关实物图

转换开关电气符号如图 1-2-6 所示。

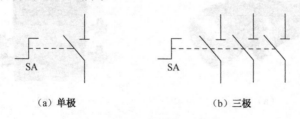

　　（a）单极　　　　　　　　　　　　（b）三极

图 1-2-6　转换开关电气符号

1. 结构原理

转换开关的接触系统是由数个装嵌在绝缘壳体内的静触头座和可动支架中的动触头构

成的。动触头是双断点对接式的触桥，在附有手柄的转轴上，随转轴旋至不同位置使电路接通或断开。定位机构采用滚轮卡棘轮结构，配置不同的限位件，可获得不同挡位的开关。

转换开关由多层绝缘壳体组装而成，可立体布置，减小了安装面积，结构简单、紧凑，操作安全可靠。转换开关可以按线路的要求组成不同接法的开关，以适应不同电路的要求。在控制和测量系统中，采用转换开关可进行电路的转换，例如电工设备供电电源的倒换，电动机的正反转倒换，测量回路中电压、电流的换相，等等。用转换开关代替刀开关，不仅可使控制回路或测量回路简化，并能避免操作上的差错，还能够减少使用元件的数量。

转换开关是刀开关的一种发展，其区别是刀开关操作时上下平面动作，转换开关则是左右旋转平面动作，并且可制成多触头、多挡位的开关。

2. 主要用途

转换开关可作为电路控制开关、测试设备开关、电动机控制开关和主令控制开关，以及电焊机用转换开关等。转换开关一般用于在交流 50Hz、电压 380V 及以下或直流电压 220V 及以下电路中转换电气控制线路和电气测量仪表。例如，LW5/YH2/2 型转换开关常用于转换测量三相电压使用。转换开关还适用于在交流 50Hz、电压 380V 及以下或直流电压 220V 及以下的电路中，作手动不频繁接通或分断电路，换接电源或负载，可承载的电流一般较大。

二、主令电器

主令电器是一种发布命令或信号以达到对电力传动系统控制的电器，主要用于接通、断开控制电路，也可以通过电磁式电器的转换对主电路实现控制。主令电器应用广泛，种类繁多，常用的主令电器有控制按钮、行程开关、接近开关灯。

（一）按钮

按钮开关（SB）是一种用人力（一般为手指或手掌）操作，并具有储能（弹簧）复位的控制开关。按钮的触点允许通过的电流较小，一般不超过 5A，因此一般情况下不直接控制主电路，而是在控制电路中发出指令或信号去控制接触器、继电器等电器，再由它们去控制主电路的通断、功能转换或电气联锁等。按钮实物图如图 1-2-7 所示。

（a）   （b）

图 1-2-7　按钮实物图

1. 结构原理及电气符号

按钮一般由按钮帽、复位弹簧、桥式触头、静触头和外壳组成，通常制成具有常开触头和常闭触头的复合结构。

按钮结构示意图及电气符号如图 1-2-8 所示。

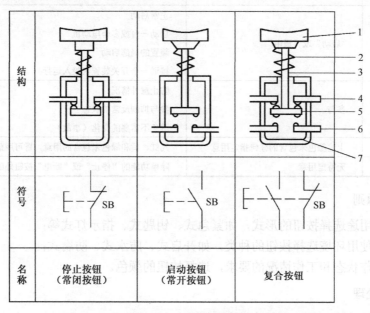

1—按钮帽；2—复位弹簧；3—支柱连杆；4—常闭静触头；

5—桥式动触头；6—常开静触头；7—外壳

图 1-2-8 按钮结构示意图及电气符号

常闭按钮未按下时，触头是闭合的，按下时触头断开；当松开后，按钮在复位弹簧的作用下复位闭合。常开按钮与常闭按钮相反，未按下时，触头是断开的，按下时触头闭合接通；当松开后，按钮在复位弹簧的作用下复位断开。

复合按钮是将常开与常闭按钮组合为一体的按钮。未受外力作用时，常闭触头是闭合的，常开触头是断开的。在外力作用下，常闭触头先断开，继而常开触头再闭合；当外力消失后，按钮在复位弹簧的作用下，常开触头先断开复位，继而常闭触点再闭合复位。

2. 按钮帽颜色的含义

按使用场合、作用的不同，通常将按钮帽做成红、绿、黑、黄、蓝、白、灰等不同颜色。表 1-2-3 所示为按钮帽颜色的含义。

表 1-2-3　按钮帽颜色的含义

颜 色	含 义	举 例
红	处理事故	紧急停机 扑灭燃烧
红	"停止"或"断电"	正常停机 停止一台或多台电动机 装置的局部停机 切断一个开关 带有"停止"或"断电"功能的复位

续表

颜色	含　义	举　例
绿	"启动"或"通电"	正常启动 启动一台或多台电动机 装置的局部启动 接通一个开关装置（投入运行）
黄	参与	防止意外情况 参与抑制反常的状态 避免不需要的变化（事故）
蓝	上述颜色未包含的任何指定用意	凡红、黄和绿色未包含的用意，皆可用蓝色
黑、灰、白	无特定用意	除单功能的"停止"或"断电"按钮外的任何功能

3．选用原则

（1）根据用途选择按钮的形式，如紧急式、钥匙式、指示灯式等；

（2）根据使用环境选择按钮的种类，如开启式、防水式、防腐式；

（3）按工作状态和工作情况的要求，选择按钮的颜色。

4．故障处理

按钮的常见故障及其处理方法见表1-2-4。

表 1-2-4　按钮的常见故障及其处理方法

故障现象	产生原因	处理方法
按下启动按钮时有触电感觉	1. 按钮的防护金属外壳与连接导线接触； 2. 按钮帽的缝隙间充满铁屑，使其与导电部分形成通路	1. 检查按钮内连接导线 2. 清理按钮及触点
按下启动按钮，不能接通电路，控制失灵	1. 接线头脱落； 2. 触点磨损松动，接触不良； 3. 动触点弹簧失效，使触点接触不良	1. 检查启动按钮连接线 2. 检修触点或调换按钮 3. 重绕弹簧或调换按钮
按下停止按钮，不能断开电路	1. 接线错误； 2. 尘埃或机油、乳化液等流入按钮形成短路； 3. 绝缘击穿短路	1. 更改接线 2. 清扫按钮并相应采取密封措施； 3. 调换按钮

（二）行程开关

行程开关，又称限位开关或位置开关（SQ），它可以完成行程控制或限位保护。其作用与按钮相同，只是其触头的动作不是靠手指的按压的手动操作，而是利用生产机械某些运动部件上的挡块碰撞或碰压使触头动作，以此来接通或分断某些电路，使之实现一定的控制要求。它常用于限制机械运动的位置或行程，使运动机械按一定的位置或行程实现自动运行、反向或变速等运动。

1．结构与电气符号

行程开关由操作头、触头系统和外壳三部分组成。操作头是开关的感测部分，用以接受生产机械发出的动作信号，并将此信号传递到触头系统。触头系统是行程开关的执行部分，它将操作头传来的机械信号通过机械可动部分的动作，变换为电信号，输出到有关控制电路，实现其相应的电气控制。

行程开关实物图和结构示意图如图 1-2-9 所示，电气符号如图 1-2-10 所示。

(a)

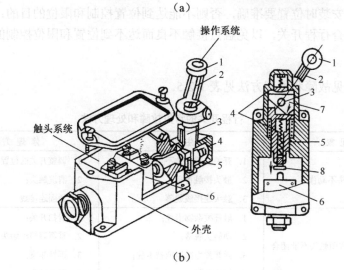

(b)

1—滚轮；2—杠杆；3—转轴；4—复位弹簧；

5—撞块；6—微动开关；7—凸轮；8—调节螺钉

图 1-2-9　行程开关实物图和结构示意图

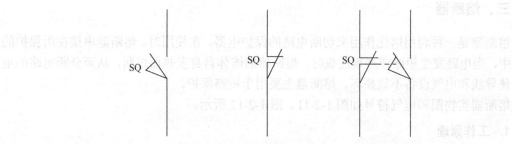

(a) 常开触头　　　(b) 常闭触头　　　(c) 复合触头

图 1-2-10　行程开关电气符号

2．工作原理

各种系列的行程开关其基本结构大体相同，都是由操作头、触点系统和外壳组成。操作头接受机械设备发出的动作指令或信号，并将其传递到触点系统，触点再将操作头传递来的动作指令或信号，通过本身的结构功能变成电信号，输出到有关控制回路，做出必要的反应。

3．选用原则与使用

在选用时，应根据不同的使用场合，满足额定电压、额定电流、复位方式和触点数量等方面的要求。

（1）根据应用场合及控制对象选择行程开关的种类；

（2）根据安装环境选择防护形式，如开启式或保护式；

（3）根据控制电路的电压和电流选择行程开关的额定电压或额定电流；

（4）根据机械与行程开关的传力与位移关系选择合适的头部形式。

使用应注意以下几点：

（1）行程开关安装时位置要准确，否则不能达到位置控制和限位的目的；

（2）应定期检查行程开关，以免触点接触不良而达不到位置和限位控制的目的。

4．故障处理

行程开关的常见故障和处理方法见表 1-2-5。

表 1-2-5　行程开关的常见故障和处理方法

故 障 现 象	产 生 原 因	修 理 方 法
挡铁碰撞开关，触头不动作	1．开关位置安装不当； 2．触头接触不良； 3．触头连接线脱落	1．调整开关的位置； 2．清洗触头； 3．紧固连接线
位置开关复位后，常闭触头不能闭合	1．触杆被杂物卡住； 2．动触头脱落； 3．弹簧弹力减退或被卡住； 4．触头偏斜	1．清扫开关； 2．重新调整动触头； 3．调换弹簧； 4．调换触头
杠杆偏转后触点未动	1．行程开关位置太低； 2．机械卡阻	1．将开关向上调到合适位置； 2．打开后盖清扫开关

三、熔断器

熔断器是一种利用熔化作用来切断电路的保护电器。在使用时，熔断器串接在所保护的电路中，当电路发生短路或严重过载时，熔断器的熔体自身发热而熔断，从而分断电路的电器，使导线和电气设备不致损坏。熔断器主要用于短路保护。

熔断器实物图和电气符号如图 1-2-11、图 1-2-12 所示。

1．工作原理

熔断器的金属熔体是一个易于熔断的导体。当电路发生过负荷或短路故障时，通过熔体的电流增大，过负荷电流或短路电流对熔体加热，熔体由于自身温度超过熔点，在被保护设备的温度未达到破坏其绝缘之前熔化，将电路切断，从而使线路中的电气设备得到了保护。

（a）螺旋式　　　　　　（b）填料封闭管式　　　　　（c）跌落式熔断器

图 1-2-11　几种常用的低压熔断器

图 1-2-12　熔断器电气符号

2．结构组成

（1）熔体：正常工作时起导通电路的作用，在故障情况下熔体将首先熔化，从而切断电路，实现对其他设备的保护。

（2）熔断体：用于安装和拆卸熔体，常采用触点的形式。

（3）底座：用于实现各导电部分的绝缘和固定。

（4）熔管：用于放置熔体，限制熔体电弧的燃烧范围，并可灭弧。

（5）充填物：一般采用固体石英砂，用于冷却和熄灭电弧。

（6）熔断指示器：用于反映熔体的状态，即完好或已熔断。

3．选用原则

熔断器有不同的类型和规格。对熔断器的要求是：在电气设备正常运行时，熔体应不熔断；在出现短路故障时，应立即熔断；在电流发生正常变动（如电动机启动过程）时，熔体应不熔断；在用电设备持续过载时，应延时熔断。因此，对熔断器的选用主要包括熔断器类型、熔断器额定电压、熔断器额定电流和熔体的额定电流的选用。

（1）熔断器类型的选用

根据使用环境、负载性质和短路电流的大小选用适当类型的熔断器。例如，对于容量较小的照明电路，可选用 RT 系列圆筒帽形熔断器或 RC1A 系列瓷插式熔断器；对于短路电流相当大或有易燃气体的地方，应选用 RT 系列有填料封闭管式熔断器；在机床控制线路中，多选用 RL 系列螺旋式熔断器；用于半导体功率元件及晶闸管的保护时，应选用 RS 或 RLS 系列快速熔断器。

（2）熔断器额定电压和额定电流的选用

①熔断器的额定电压必须等于或大于线路的额定电压。

②熔断器的额定电流必须等于或大于所装熔体的额定电流。

③熔断器的分断能力应大于电路中可能出现的最大短路电流。

（3）熔体额定电流的选用

①对照明和电热等电流较平稳、无冲击电流的负载的短路保护，熔体的额定电流应等于或稍大于负载的额定电流。一般取 $I_{RN}=1.1I_N$。

②对一台不经常启动且启动时间不长的电动机的短路保护，熔体的额定电流 I_{RN} 应大于或等于 1.5～2.5 倍电动机额定电流 I_N，即：

$$I_{RN} \geqslant (1.5 \sim 2.5)I_N$$

③对一台启动频繁且连续运行的电动机的短路保护，熔体的额定电流 I_{RN} 应大于或等于 2.5～3 倍电动机额定电流 I_N，即：

$$I_{RN} \geqslant (2.5 \sim 3)I_N$$

④对多台电动机的短路保护，熔体的额定电流应大于或等于其中最大容量电动机的额定电流 $I_{N\max}$ 的 1.5～2.5 倍，加上其余电动机额定电流的总和 $\sum I_N$，即：

$$I_{RN} \geqslant (1.5 \sim 2.5)I_{N\max} + \sum I_N$$

（4）选择熔断器的额定电流和电压：查表，可选取 RL1-60/20 型熔断器，其额定电流为 60A，额定电压为 500V。

四、接触器

接触器（KM）是用于中远距离频繁地接通与断开交直流主电路及大容量控制电路的一种自动开关电器。它具有操作频率高、使用寿命长、工作可靠、性能稳定、结构简单、维护方便等优点。因此，接触器在电力拖动控制系统中获得广泛的应用。

接触器按驱动触头系统的动力可分为电磁式接触器、气动接触器、液压接触器等，其中尤以电磁式接触器应用最为普遍。

接触器实物图和电气符号如图 1-2-13 所示。

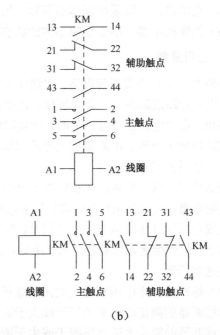

（a）

（b）

图 1-2-13　接触器实物图和电气符号

（一）结构及原理

1. 电磁式接触器的组成

电磁式接触器由电磁机构、触头系统、灭弧装置和其他部件组成。

（1）电磁机构。电磁机构由线圈、动铁芯（衔铁）和静铁芯组成，其作用是将电磁能转换成机械能，产生电磁吸力带动触点动作。

（2）触点系统。包括主触点和辅助触点，主触点用于通断主电路，通常为三对常开触点。辅助触点用于控制电路，起电气联锁作用，故又称联锁触点，一般常开、常闭各两对。

（3）灭弧装置。容量在 10A 以上的接触器都有灭弧装置，对于小容量的接触器，常采用双断口触点灭弧、电动力灭弧、相间弧板隔弧及陶土灭弧罩灭弧。对于大容量的接触器，采用纵缝灭弧罩及栅片灭弧。

（4）其他部件。包括反作用弹簧、缓冲弹簧、触点压力弹簧、传动机构及外壳等。

2. 工作原理

线圈通电后，在铁芯中产生磁通及电磁吸力。此电磁吸力克服弹簧反力使得衔铁吸合，带动触点机构动作，常闭触点打开，常开触点闭合，互锁或接通线路。线圈失电或线圈两端电压显著降低时，电磁吸力小于弹簧反力，使得衔铁释放，触点机构复位，断开线路或解除互锁。

电磁式接触器工作原理示意图如图 1-2-14 所示。

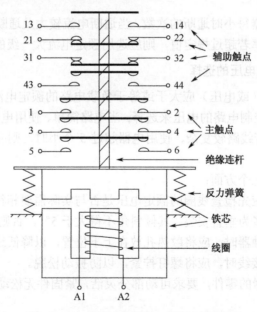

图 1-2-14　电磁式接触器工作原理示意图

（二）接触器的主要技术参数

接触器的主要技术参数有极数，电流种类，额定工作电压、额定工作电流（或额定控制功率），额定通断能力，线圈额定电压，允许操作频率，机械寿命和电寿命，接触器线圈的启动功率和吸持功率，使用类别等。接触器常见使用类别和典型用途见表 1-2-6。

表 1-2-6 接触器常见使用类别和典型用途

电 流 种 类	使 用 类 别	典 型 用 途
AC（交流）	AC1	无感或微感负载、电阻炉
	AC2	绕线转子异步电动机的启动、制动
	AC3	笼型异步电动机的启动、运转中分断
	AC4	笼型异步电动机的启动、反接制动、反向和点动
DC（直流）	DC1	无感或微感负载、电阻炉
	DC2	并励电动机的启动、反接制动和点动
	DC3	串励电动机的启动、反接制动和点动

（三）接触器的选用

接触器的应用广泛，根据不同的使用场合及控制对象，接触器的操作条件与工作程度也不同。为保证接触器可靠运行并充分发挥其技术经济效果，应遵循以下原则选用接触器。

1．类型的选择

接触器分为交流和直流两类，应根据主触头接通或分断电路的电流性质来选择直流或交流接触器。根据接触器所控制负载的工作任务来选择相应类型的接触器，如负载为一般任务则选用 AC-3 类型；负载为重任务时选用 AC-4 类型。

2．操作频率的选择

操作频率是指接触器每小时通断的次数。当通断电流较大及通断频率较高时，会使触点过热甚至熔焊。操作频率若超过规定值，则应选用额定电流大一级的接触器。

3．额定电流和额定电压的选择

主触头的额定电流（或电压）应大于或等于负载电路的额定电流（或电压）；吸引线圈的额定电压，则应根据控制电路的电压来选择；当电路简单、使用电器较少时，可选用 380V 或 220V 电压的线圈；若线路较复杂、使用电器超过 5 个小时，则应选用 110V 及以下电压等级的线圈。

使用时应注意以下几个方面：

（1）接触器安装前应先检查线圈的额定电压是否与实际需要相符。

（2）接触器的安装多为垂直安装，其倾斜角不得大于 5°，否则会影响接触器的动作特性；安装有散热孔的接触器时，应将散热孔放在上下位置，以降低线圈的温升。

（3）接触器安装与接线时，应将螺钉拧紧，以防振动松脱。

（4）定期检查接触器的零件，要求可动部分灵活，紧固件无松动，对损坏的零部件应及时修理或更换。

（5）保持触头表面的清洁，不允许沾有油污。

（6）避免碰撞造成灭弧罩损坏，接触器不允许在去掉灭弧罩的情况下使用，因为这样很可能发生相间短路。

（7）一旦接触器不能修复，应及时更换。

（四）故障处理

接触器常见故障及处理方法见表 1-2-7。

表 1-2-7 接触器常见故障及处理方法

故障现象	产生原因	处理方法
接触器不吸合或吸不牢	1. 电源电压过低； 2. 线圈断路； 3. 线圈技术参数与使用条件不符； 4. 铁芯机械卡阻	1. 调高电源电压； 2. 调换线圈； 3. 调换线圈； 4. 排除卡阻物
线圈断电，接触器不释放或释放缓慢	1. 触点熔焊； 2. 铁芯极面有油污； 3. 触点弹簧压力过小或复位弹簧损坏； 4. 机械卡阻	1. 排除熔焊故障，修理或更换触点； 2. 清理铁芯极面； 3. 调整触点弹簧力或更换复位弹簧； 4. 排除卡阻物
触点熔焊	1. 操作频率过高或过负载使用； 2. 负载侧短路； 3. 触点弹簧压力过小； 4. 触点表面有电弧灼伤； 5. 机械卡阻	1. 调换合适的接触器或减小负载； 2. 排除短路故障更换触点； 3. 调整触点弹簧压力； 4. 清理触点表面； 5. 排除卡阻物
铁芯噪声过大	1. 电源电压过低； 2. 短路环断裂； 3. 铁芯机械卡阻； 4. 铁芯极面有油污或磨损不平； 5. 触点弹簧压力过大	1. 检查电路并提高电源电压； 2. 调换铁芯或短路环； 3. 排除卡阻物； 4. 用汽油清洗极面或更换铁芯； 5. 调整触点弹簧压力
线圈过热或烧毁	1. 线圈匝间短路； 2. 操作频率过高； 3. 线圈参数与实际使用条件不符； 4. 铁芯机械卡阻	1. 更换线圈并找出故障原因； 2. 调换合适的接触器； 3. 调换线圈或接触器； 4. 排除卡阻物

五、继电器

继电器是一种电子控制器件，它具有控制系统（又称输入回路）和被控制系统（又称输出回路），通常应用于自动控制电路中。它实际上是用较小的电流去控制较大电流的一种"自动开关"，故在电路中起着自动调节、安全保护、转换电路等作用。

继电器的种类很多，按输入量可分为电压继电器、电流继电器、时间继电器、速度继电器、压力继电器等；按工作原理可分为电磁式继电器、感应式继电器、电动式继电器、电子式继电器等；按用途可分为控制继电器、保护继电器等。

本部分将介绍常用、常见的热继电器、中间继电器和时间继电器。

（一）热继电器

热继电器（FR）是一种利用电流热效应原理工作的电器，主要用于电气设备（主要是电动机）的过载保护，在电动机过负荷时自动切断电源保护电路。

电动机在实际运行中，如拖动生产机械工作过程中，若机械出现不正常的情况或电路异常使电动机过载，则电动机转速下降、绕组中的电流将增大，使电动机的绕组温度升高。若过载电流不大且过载的时间较短，电动机绕组不超过允许温升，这种过载是允许的。但若过载时间长，过载电流大，电动机绕组的温升就会超过允许值，使电动机绕组老化，缩短电动机的使用寿命，严重时甚至会使电动机绕组烧毁。所以，这种过载是电动机不能承受的。热继电器就是利用电流的热效应原理，在出现电动机不能承受的过载时切断电动机电路，为电动机提供过载保护的保护电器。

热继电器实物图及电气符号如图 1-2-15、图 1-2-16 所示。

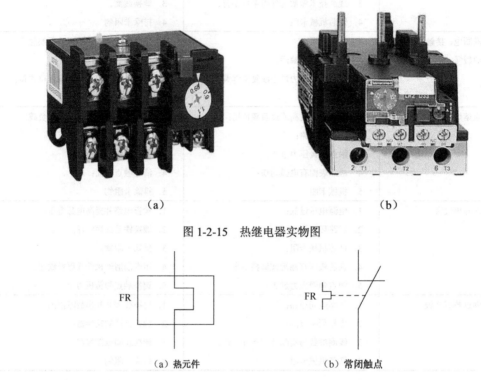

（a）　　　　　　　　　　　　　　　　（b）

图 1-2-15　热继电器实物图

FR　　　　　　　　　　　　　　FR

（a）热元件　　　　　　　　　（b）常闭触点

图 1-2-16　热继电器的电气符号

1．主要技术参数

（1）额定电压：热继电器能够正常工作的最高电压，一般为交流 220V，380V，600V。

（2）额定电流：热继电器的额定电流主要是指通过热继电器的电流。

（3）额定频率：一般而言，其额定频率按照 45～62Hz 设计。

（4）整定电流范围：整定电流由本身的特性来决定。它描述的是在一定电流条件下热继电器的动作时间和电流的平方成正比。

2．选择使用

热继电器主要用于保护电动机的过载，因此选用时必须了解电动机的情况，如工作环境、启动电流、负载性质、工作制、允许过载能力等。

（1）原则上应使热继电器的安秒特性尽可能接近甚至重合电动机的过载特性，或者在电动机的过载特性之下，同时在电动机短时过载和启动的瞬间，热继电器应不受影响。

（2）当热继电器用于保护长期工作制或者间断长期工作制的电动机时，一般按电动机的额定电流来选用。例如，热继电器的整定值约等于 0.95～1.05 倍的电动机的额定电流。

（3）当热继电器用于保护反复短时工作制的电动机时，热继电器仅有一定范围的适应性。如果短时间内操作次数很多，就要选用带速饱和电流互感器的热继电器。

（4）对于正反转和通断频繁的特殊工作制电动机，不宜采用热继电器作为过载保护装置，而应使用温度继电器或者热敏电阻来保护。

（二）中间继电器

中间继电器（KA）用于继电保护与自动控制系统中，以增加触点的数量及容量。它用于在控制电路中传递中间信号。中间继电器的结构和原理与交流接触器基本相同，与接触器的主要区别在于：接触器的主触头可以通过大电流，而中间继电器的触头只能通过小电流。所以，它只能用于控制电路中。它是没有主触点的，因为过载能力比较小，所以它用的全部都是辅助触头，数量比较多。

常用的中间继电器主要有 JZ7 系列和 JZ8 系列两种，后者是交直流两用的。在选用中间继电器时，主要是考虑电压等级以及常开和常闭触点的数量。实物图及电气符号如图 1-2-17、图 1-2-18 所示。

图 1-2-17　中间继电器实物图

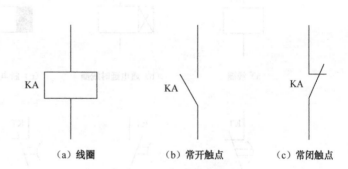

（a）线圈　　　（b）常开触点　　　（c）常闭触点

图 1-2-18　中间继电器电气符号

（三）时间继电器

在自动控制系统中，需要有瞬时动作的继电器，也需要有延时动作的继电器。时间继电器就是利用某种原理实现触头延时动作的自动电器。它按照设定的时间控制触点动作，即由它的感测机构接收信号后，经过一定时间才使执行机构动作。

时间继电器按动作原理可分为空气阻尼式、电磁阻尼式、电子式和电动式。

时间继电器的延时方式有以下两种。

（1）通电延时型：接受输入信号后延迟一定的时间，输出信号才发生变化；当输入信号消失后，输出瞬时复原；即延时动作，瞬时复位。

（2）断电延时型：接受输入信号时，瞬时产生相应的输出信号；当输入信号消失后，延迟一定的时间，输出才复原；即瞬时动作，延时复位。

时间继电器的实物图及电气符号如图 1-2-19、图 1-2-20 所示。

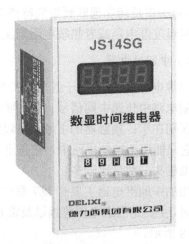

（a）JS20系列晶体管式　　　　　　（b）JS14SG系列数显式

图 1-2-19　时间继电器实物图

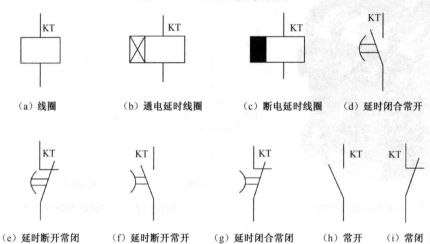

（a）线圈　　　　（b）通电延时线圈　　　（c）断电延时线圈　　（d）延时闭合常开

（e）延时断开常闭　　（f）延时断开常开　　（g）延时闭合常闭　　（h）常开　　（i）常闭

图 1-2-20　时间继电器电气符号

任务实施

1．认真观察 CA6140 普通车床电气控制柜，了解机床电气元件的安装位置、整体布局，要求叙述各低压电器的功能作用、结构原理，画出各低压电器的电气符号，完成表 1-2-8。

表 1-2-8　电气元件一览表

序号	名称	功能作用	结构原理	图形符号	文字符号	型号

续表

序号	名称	功能作用	结构原理	图形符号	文字符号	型号

2. 检查常用低压电器的故障，并处理。

教师操作机床（在保障人身及设备安全许可的条件下人为制造故障），学生根据出现的故障，运用所学的知识，进行检修处理。要求每位同学至少检修 3 个以上的低压电器故障，并填写表 1-2-9。

表 1-2-9　常用低压电器维修单

序号	低压电器	故障现象	分析产生原因	处理方法	处理结果
1	启动按钮	按下去不能复位或按下时有触电感觉			
2	接触器	闭合时触头有较大火花或运行时铁芯噪声过大			
3	行程开关	失效或不能复位			
4	空气开关	当动作后不能推复位或发生事故时失效			
5	热继电器	过载后不动作或不能复位			
维修日期：				维修人：	

任务评价

通过以上学习，根据任务实施过程，填写表 1-2-10，完成任务评价。

表1-2-10　常用低压电器的介绍任务评价表

班　级		学　号		姓　名		日　期	
序　号	评　价　内　容				要　求	自　评	互　评
1	能正确叙述各常用低压电器的功能作用				正确		
2	能熟练画出各常用低压电器的电气符号				熟练正确		
3	能简述各常用低压电器的结构原理				思路清晰		
4	能运用所学知识，对常用低压电器进行检修处理				正确处理		
教师评语							

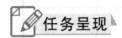

任务3　电气绘图

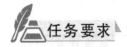

任务呈现

在实际生产过程中，运行设备出故障是必然的，维修人员要经常对电气设备进行维护。不同电气设备的控制线路不同，这时维修人员就需要该设备的电气图。只有根据电气图正确分析了解设备的原理才能维修。电气图是根据国家电气制图标准，用规定的图形符号、文字符号以及规定的画法绘制的。设备的电气图一般包括布置图、安装接线图及电气原理图。实际电气设备图纸的绘制一般是先设计电气原理图，再画布置图，最后画安装接线图。考虑到实际情况，我们先画布置图，再画安装接线图，最后借助辅助参考资料画电气原理图。

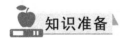

任务要求

通过学习基本知识，对照CA6140车床实物绘制元件布置图、安装接线图及电气原理图。

知识准备

一、电气控制系统图中的图形符号和文字符号

在电气控制系统图中，电气元件应用的图形符号和文字符号必须符合国家标准规定，国家标准是在参照国际电工委员会（IEC）和国际标准化组织（ISO）所颁布标准的基础上制定的。近年来，有关电气图形符号和文字符号的国家标准的变化较大。当前推行的最新标准是国家标准局颁布的GB/T 4728-1996-2000《电气简图用图形符号》、GB/T 6988.1-4-2002《电气技术文件的编制》、GB/T 6988.6-1993《控制系统功能图表的绘制》、GB/T 7159-1987《电气技术中的文字符号制定通则》。

要读懂电气图的基础就是要熟悉和明确有关电气图的图形符号和文字符号所表达的内容和含义。

1. 图形符号

图形符号是指用于图样或其他文件以表示一个设备或概念的图形、标记或字符。图形符

号是通过书写、绘制、印刷或其他方法产生的可视图形，是一种以简明易懂的方式来传递一种信息，表示一个实物或概念，并可提供有关条件、相关性及动作信息的工业语言。电气图中应用的图形符号由一般符号、符号要素、限定符号等组成。

2. 文字符号

电气图中的文字符号分为基本文字符号和辅助文字符号。

基本文字符号分单字母符号和双字母符号。单字母符号：用拉丁字母将各种电气设备、装置和元器件划分为 23 大类，每个大类用一个专用单字母符号表示，如 R 为电阻器，Q 为电力电路的开关器件类，F 为用于防护的系统和设备等。双字母符号：由表示种类的单字母与另一字母组成，其组合形式以单字母符号在前，另一个字母在后的次序列出。双字母符号中的另一个字母通常选用该类设备、装置和元器件的英文名词的首位字母，或常用缩略语，或约定俗成的习惯用字母。

辅助文字符号用来表示电气设备、装置和元器件以及线路的功能、状态和特性，通常也是由英文单词的前一两个字母构成。它一般放在基本文字符号后边，构成组合文字符号。常见元件图形符号、文字符号见表 1-3-1。

表 1-3-1　常见元件图形符号、文字符号一览表

类别	名称	图形符号	文字符号	类别	名称	图形符号	文字符号
开关	单极控制开关	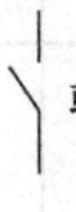 	SA	位置开关	常开触头		SQ
	手动开关一般符号	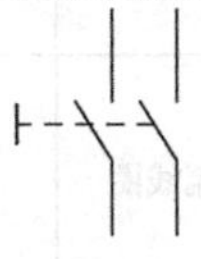	SA		常闭触头	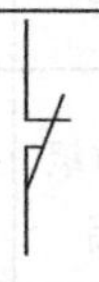	SQ
	三极控制开关		QS		复合触头		SQ
	三极隔离开关	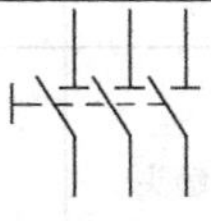	QS	按钮	常开按钮	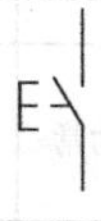	SB
	三极负荷开关	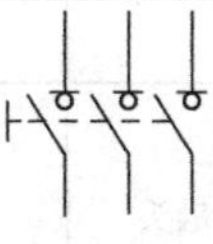	QS		常闭按钮	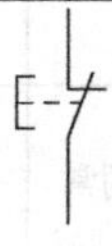	SB
	组合旋钮开关	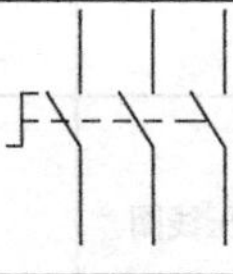	QS		复合按钮	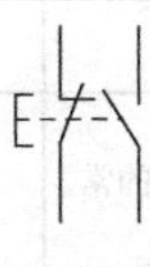	SB
	低压断路器	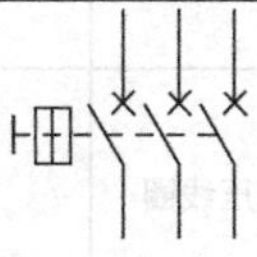	QF		急停按钮	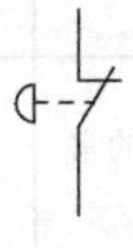	SB

续表

类别	名称	图形符号	文字符号	类别	名称	图形符号	文字符号
开关	控制器或操作开关	后　前 2 1 0 1 2	SA	按钮	钥匙操作式按钮		SB
接触器	线圈操作器件		KM	热继电器	热元件		FR
	常开主触头		KM		常闭触头		FR
	常开辅助触头		KM	中间继电器	线圈		KA
	常闭辅助触头		KM		常开触头		KA
时间继电器	通电延时（缓吸）线圈		KT		常闭触头		KA
	断电延时（缓放）线圈		KT	电流继电器	过电流线圈	$I>$	KA
	瞬时闭合的常开触头		KT		欠电流线圈	$I<$	KA
	瞬时断开的常闭触头		KT		常开触头		KA
	延时闭合的常开触头	或	KT		常闭触头		KA
	延时断开的常闭触头	或	KT	电压继电器	过电压线圈	$U>$	KV
	延时闭合的常闭触头	或	KT		欠电压线圈	$U<$	KV

类别	名称	图形符号	文字符号	类别	名称	图形符号	文字符号
时间继电器	延时断开的常开触头	或	KT	电压继电器	常开触头		KV
电磁操作器	电磁铁的一般符号	或	YA		常闭触头		KV
	电磁吸盘		YH	电动机	三相笼型异步电动机	M 3~	M
	电磁离合器		YC		三相绕线转子异步电动机	M 3~	M
	电磁制动器		YB		他励直流电动机	M	M
	电磁阀		YV		并励直流电动机	M	M
非电量控制的继电器	速度继电器常开触头	n	KS		串励直流电动机	M	M
	压力继电器常开触头	p	KP	熔断器	熔断器		FU
发电机	发电机	G	G	变压器	单相变压器		TC
	直流测速发电机	TG	TG		三相变压器		TM
灯	信号灯（指示灯）	⊗	HL	互感器	电压互感器		TV
	照明灯	⊗	EL		电流互感器		TA

类别	名称	图形符号	文字符号	类别	名称	图形符号	文字符号
接插器	插头和插座	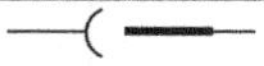 或 	X 插头 XP 插座 XS	互感器	电抗器		L

二、电气原理图

电气原理图是表达所有电气控制线路的工作原理、各元件的作用以及元件间相互关系的图样。电气原理图是电气控制系统在安装调试、使用维修时的重要技术文件。电气原理图只包括所有电气元件的导电部分和接线端点之间的相互关系，并不考虑电气元件的实际安装位置和导线连接清况，也不反映电气元件的大小。

1．概述

电气原理图一般分主电路和辅助电路两部分。主电路是电气控制线路中大电流通过的部分，包括从电源到电机之间相连的电气元件，一般由组合开关、主熔断器、接触器主触点、热继电器的热元件和电动机等组成。辅助电路是控制线路中除主电路以外的电路，其流过的电流比较小。辅助电路包括控制电路、照明电路、信号电路和保护电路。其中，控制电路由按钮、接触器和继电器的线圈及辅助触点、热继电器触点、保护电器触点等组成。

2．绘制电气原理图的原则

以如图 1-3-1 所示的某机床的电气原理图为例，说明绘制电气原理图时一般要遵循的基本规则。

（1）电气原理图中，所有电气元件都应采用国家标准中统一规定的图形符号和文字符号来表示。

（2）主电路和辅助电路应分开绘制。主电路是设备的驱动电路，是从电源到电动机的大电流通过的路径；辅助电路包括控制、信号、照明、保护电路；控制电路是由接触器和继电器线圈、各种电器的触点组成的逻辑电路，实现所要求的控制功能。

（3）电气原理图中电气元件的布局，应根据便于阅读原则安排。主电路安排在图面左侧或上方，辅助电路安排在图面右侧或下方。无论主电路还是辅助电路，均按功能布置，尽可能按动作顺序从上到下、从左到右排列。

（4）电气原理图中，当同一电气元件的不同部件（如线圈、触点）分散在不同位置时，为了表示是同一元件，要在电气元件的不同部件处标注统一的文字符号。对于同类器件，要在其文字符号后加数字序号来区别。如两个接触器，可用 KM1、KM2 文字符号区别。

（5）电气原理图中，所有电器的可动部分均按没有通电或没有外力作用时的状态画出。在不同的工作阶段，各个电器的动作不同，触点时闭时开，而在电气原理图中只能表示出一种情况。因此，规定所有电器的触点均表示在原始情况下的位置，即在没有通电或没有发生机械动作时的位置。对接触器来说，是线圈未通电，触点未动作时的位置；对按钮来说，是手指未按下按钮时触点的位置；对热继电器来说，是常闭触点在未发生过载动作时的位置，等等。

1	2	3	4	5	6	7	8	9	10	11	12	13
电源开关及保护			主电机		启停控制电路				变压器		照明及信号	

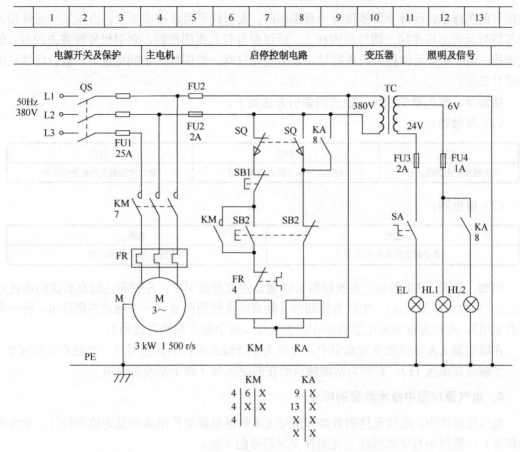

图 1-3-1 某机床的电气原理图

（6）电气原理图中，应尽量减少线条和避免线条交叉。各导线之间有电联系时，在导线交点处画实心圆点。根据图面布置需要，可以将图形符号旋转绘制，一般沿逆时针方向旋转90°，但文字符号不可倒置。

（7）触点的绘制位置。使触点动作的外力方向必须是：当图形垂直放置时为从左到右，即垂线左侧的触点为常开触点，垂线右侧的触点为常闭触点；当图形水平放置时为从下到上，即水平线下方的触点为常开触点，水平线上方的触点为常闭触点。

（8）在原理图的上方将图分成若干图区，并标明该区电路的用途与作用；在继电器、接触器线圈下方列有触点表，以说明线圈和触点的从属关系。

3. 图面区域的划分及符号位置的索引

为了便于检索电气线路、方便阅读分析，而将图面进行区域划分，设立图区编号。图面分区时，竖边从上到下用英文字母，横边从左到右用阿拉伯数字，分别编号。分区代号用该区域的字母和数字表示，如 A3、C6 等。图区横向编号下方的对应文字（有时对应文字也可排列在电气原理图的底部）表明了该区元件或电路的功能，以利于理解全电路的工作原理。

在较复杂的电气原理图中，在继电器、接触器线圈的文字符号下方要标注其触点位置的索引；而在其触点的文字符号下方要标注其线圈位置的索引。符号位置的索引用图号、页次和图区编号的组合索引法。索引代号的组成如下：当与某一元件相关的各符号元素出现在不同图号的图样上，而每个图号仅有一页图样时，索引代号可以省去页次；当与某一元件相关的各符号元素出现在同一图号的图样上，而该图号有几张图样时，索引代号可省去图号。依次类推，当与某一元件相关的各符号元素出现在只有一张图样的不同图区时，索引代号只用图区号表示。

接触器、继电器的线圈、触点的索引方法如下。

（1）接触器：

左栏	中栏	右栏
主触点所在的图区号	辅助常开触点所在的图区号	辅助常闭触点所在的图区号

（2）继电器：

左栏	右栏
常开触点所在的图区号	常闭触点所在的图区号

例如，如图 1-3-1 所示，在接触器 KM 触点的位置索引中，左栏为主触点所在的图区号（有三个主触点在图区 4），中栏为辅助常开触点所在的图区号（一个触点在图区 6，另一个没有使用），右栏为辅助常闭触点所在的图区号（两个触点都没有使用）。

在继电器 KA 触点的位置索引中，左栏为常开触点所在的图区号（一个触点在图区 9，另一个触点在图区 13），右栏为常闭触点所在的图区号（四个都没有使用）。

4．电气原理图中技术数据的标注

电气原理图中，电气元件的数据和型号（如热继电器动作电流和整定值的标注、导线截面积等）一般用小号字体标注在元器件文字符号的下面。

三、电气元件布置图

电气元件布置图主要用于表明电气设备上所有电气元件的实际位置，为电气设备的安装及维修提供必要的资料。电气元件布置图可根据电气设备的复杂程度集中绘制或分别绘制。图中不需标注尺寸，但是各电器代号应与有关图纸和电器清单上所有的元器件代号相同，在图中往往留有10%以上的备用面积及导线管（槽）的位置，以供改进设计时用。

电气元件布置图的绘制原则如下：

（1）绘制电气元件布置图时，机床的轮廓线用细实线或点画线表示，电气元件均用粗实线绘制出简单的外形轮廓。

（2）绘制电气元件布置图时，电动机要和被拖动的机械装置画在一起；行程开关应画在获取信息的地方；操作手柄应画在便于操作的地方。

（3）绘制电气元件布置图时，各电气元件之间，上、下、左、右应保持一定的间距，并且应考虑器件的发热和散热因素，应便于布线、接线和检修。

图 1-3-2 为某车床电气元件布置图，图中 FU1~FU4 为熔断器、KM 为接触器、FR 为热继电器、TC 为照明变压器、XT 为接线端子板。

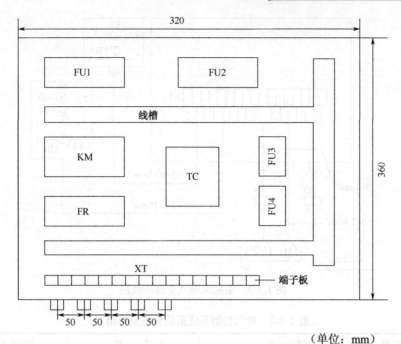

（单位：mm）

图 1-3-2　某车床电气元件布置图

四、电气安装接线图

电气安装接线图主要用于电气设备的安装配线、线路检查、线路维修和故障处理。在图中要表示出各电气设备、电气元件之间的实际接线情况，并标注出外部接线所需的数据。在电气安装接线图中，各电气元件的文字符号、元件连接顺序、线路号码编制都必须与电气原理图一致。

绘制原则如下：

（1）绘制电气安装接线图时，各电气元件均按其在安装底板中的实际位置绘出。元件所占图面按实际尺寸以统一比例绘制。

（2）绘制电气安装接线图时，一个元件的所有部件绘在一起，并用点画线框起来，有时将多个电气元件用点画线框起来，表示它们是安装在同一安装底板上的。

（3）绘制电气安装接线图时，安装底板内外的电气元件之间的连线通过接线端子板进行连接，安装底板上有几条接至外电路的引线，端子板上就应绘出几个线的接点。

（4）绘制电气安装接线图时，走向相同的相邻导线可以绘成一股线。

例如，图 1-3-3 就是根据上述原则绘制出的某机床电气安装接线图。

电气控制泵系统图的分类及作用见表 1-3-2。

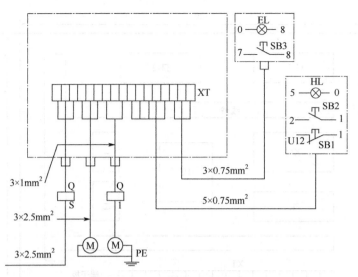

图 1-3-3 某机床电气安装接线图

表 1-3-2 电气控制系统图的分类及作用

电气控制系统图	概　念	作　用	图中内容
电气原理图	是用国家统一规定的图形符号、文字符号和线条连接来表明各个电器的连接关系和电路工作原理的示意图	是分析电气控制原理、绘制及识读电气控制接线图和电气元件位置图的主要依据	电气控制线路中所包含的电气元件、设备、线路的组成及连接关系
电气元件布置图	是根据电气元件在控制板上的实际安装位置，采用简化的外形符号（如方形等）而绘制的一种简图	主要用于电气元件的布置和安装	项目代号、端子号、导线号、导线类型、导线截面等
电气安装接线图	是用来表明电气设备或线路连接关系的简图	是安装接线、线路检查和线路维修的主要依据	电气线路中所含元器件及其排列位置、各元器件之间的接线关系

任务实施

绘制 CA6140 型普通车床的电气元件布置图、电气安装接线图及电气原理图。

（1）首先切断电源，再打开 CA6140 型普通车床后盖，观察其电气元件的分布情况，熟悉各电气元器件，并绘制其电气元件布置图。

（2）观察、分析 CA6140 型普通车床各电气元器件线路的连接方式，注意线号的使用。最后绘制其电气安装接线图。

（3）借助参考资料，绘制 CA6140 型普通车床的电气原理图。

任务评价

通过以上学习，根据任务实施过程，填写表 1-3-3，完成任务评价。

表 1-3-3　电气原理图的绘制任务评价表

班级		学 号		姓 名		日 期	
序 号		评 价 内 容			要 求	自评	互评
1		能正确区分电气原理图、电气元件布置图、电气安装接线图			正确		
2		能熟练写出常用电气元件的图形符合和文字符号			完全清晰		
3		能根据实际电气元件的分布情况，正确绘制 CA6140 普通车床的电气元件布置图			符合国标		
4		能根据实际电气元件的线路连接情况，正确绘制 CA6140 普通车床的电气安装接线图			符合国标		
5		能借助参考资料，运用绘制原则的知识，识读 CA6140 普通车床电气原理图，并能绘制其电气原理图			符合国标		
教师评语							

项目总结

本项目主要介绍机电产品控制系统、常用低压电器及绘制电气图的基本知识。通过以上三个任务的学习，可以让读者对机电产品不同控制系统有一定的认识和了解；对常用低压电器的结构作用、电气符号、工作原理及故障处理有基本的了解和认识；能绘制电气元件布置图和电气安装接线图，并能借助参考资料，绘制电气原理图。本项目旨在引领学生电气入门，为后续项目学习打下良好基础。

阅读材料

低压电器未来发展趋势

低压电器目前正朝着高性能、高可靠性、小型化、模块化、组合化和零部件通用化的方向发展。它的技术发展主要取决于市场技术需求、市场竞争需求、系统发展的需要以及新标准的研究和应用。

1. 可通信

随着计算机网络的发展与应用，采用计算机网络控制的低压电器均要求能与中央控制计算机进行通信，为此，各种可通信低压电器应运而生。通信低压电器将成为未来低压电器重要的发展方向之一。

2. 智能化

为了实现低压电器与中央控制计算机双向通信，低压电器必须向电子化、机电一体化发展，同时要求部分电器具有智能化功能。目前，智能化电器的发展主要在万能式断路器、塑壳式断路器以及电动机控制、保护器等产品上进行。

3. 高性能、节能化、小型化

新型低压电器的高性能除了能提高其主要技术性能外，还将重点追求综合技术经济指标，如低压断路器、塑壳断路器除了提高短路分段能力外，还将特别关注飞弧距离的减少。

同时要求其小型化，这对发展新一代紧凑型低压成套设备也十分重要。对交流接触器而言，已经不再片面追求机电产品寿命的提高，而是把研究的重点放在产品功能组合与派生、分断可靠性、动作可靠性、接触可靠性以及节能方面。

课后练习

1. 常见的机电产品控制系统主要有哪几种？简述各种类型的特点与区别。
2. 何为低压电器？
3. 简述低压断路器的作用及各脱扣机构的工作原理。
4. 接触器的结构主要由哪些部分组成？
5. 线圈未通电时处于断开状态的触点称为什么？处于闭合状态的触点称为什么？
6. 热继电器用于为电动机提供什么保护？
7. 熔断器用于为各种电气电路提供什么保护？
8. 交流接触器线圈过热的原因有哪些？应如何处理？
9. 绘制电气原理图有哪些基本规则？

项目 2 经典控制电路应用

项目描述

点动控制、连动控制、顺序控制、正反转控制、降压启动控制等是组成电气设备的基本控制线路。不同的机电设备有着不同的电气控制线路，这些控制线路不管是简单的还是复杂的都是由这些基本的控制环节组成的。

本项目讲述了石材切割机、载货升降机、CA6140 车床及消防泵的应用，分析这些机电设备的控制要求及功能，通过安装、模拟调试这些设备的控制电路来掌握基本、经典的控制电路，并在调试过程中掌握基本常见故障的分析、处理方法及维修技能。

任务 1 石材切割机

任务呈现

石材切割机适用于建筑工程、装饰作业、石材加工等。它是对水磨石、大理石、花岗岩、陶瓷砖、石棉水泥板以及玻璃钢等非金属硬脆性材料进行切割加工的设备。它加工效率较高，能有效利用小型石料，变废为宝，大大节约石料资源，也有利于保护环境，使生产成本较低，因此应用范围很广。实物图如图 2-1-1 所示。

图 2-1-1　石材切割机

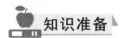

任务要求

根据参考电路图纸，了解石材切割机的电气结构和功能，分析如何实现点动切割、连续切割的电气功能，如何实现夹住石材的电气原理，了解设备电气的保护环节有哪些，最后在模拟板上安装石材切割机的电气控制电路。要求能实现基本的控制要求，并调试成功。

知识准备

一、切割机

切割机是一种重要的机电加工设备。石材切割机是其中一种，应用广泛，在我国轻型石材切割机业的工业增加值约占 GDP 的 35%左右，超过三分之一的国民生产总值由轻型石材切割机业创造。石材切割机一般由切割刀组、石料输送台、定位导板及机架组成。切割刀组由电动机、皮带、刀轮轴、切割刀具组成，切割刀具固定在刀轮轴上。通用石材切割机基本构成介绍如下。

1. 切割机构

石材切割机的基本功能是切割，多采用电动机拖动锯盘或者砂轮，对石材进行切割。

2. 牵引机构

在对石材切割时，切割机构需要前进与后退来完成对石材的切割工作，切割机构的移动就需要拖动电机与牵引部分的参与。

3. 压紧机构

在对石材进行切割前，需要对石材进行固定，使石材在切割过程中不移动，所以石材切割机就需要一个压紧机构。

工作过程：首先放上石材，再压紧石材，选择切割方式，启动切割机构，牵引机构拖动切割机完成切割，停止切割，松开石材。

二、点动控制电路

点动控制指需要电动机作短时断续工作时，只要按下按钮电动机就转动，松开按钮电动机就停止动作的控制。电动机的点动控制是最简单的控制电路，由按钮、接触器来控制电动机的运转。为实现点动控制可以将点动按钮直接与接触器的线圈串联，电动机的运行时间由按钮按下的时间决定。适用场合：点动控制能实现电动机短时转动，适用于电动机短暂运转，例如，起吊重物，调整生产设备的工作状态，机床刀架、横梁、立柱等快速移动，机床的对刀调整，机床上的手动校调控制等场合。

点动控制电路电气原理图如图 2-1-2 所示。

1. 电路的组成

由图 2-1-2 可看出，点动控制电路的主电路由组合开关 QS、熔断器 FU、交流接触器的主触点 KM 和笼型电动机 M 组成；控制电路由启动按钮 SB 和交流接触器线圈 KM 组成。

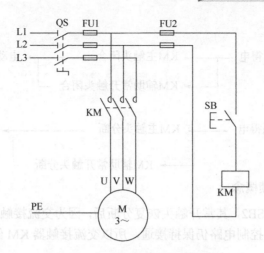

图 2-1-2 点动控制电路电气原理图

2. 工作原理分析

（1）启动过程：先合上刀开关 QS→按下启动按钮 SB→接触器线圈 KM 通电→接触器主触点 KM 闭合→电动机 M 通电直接启动。

（2）停止过程：松开启动按钮 SB→接触器线圈 KM 断电→接触器主触点 KM 断开→电动机 M 停电停转。

3. 电路特点

点动控制：按下按钮，电动机转动，松开按钮，电动机停转，即一点就动，一松就停。

三、连动控制电路

点动控制仅适合于电动机的短时间运转，而实际生产、生活中都需要电动机能够长时间连续运转，如机床、通风机等都是需要连续工作的，这就需要具有连续运转功能的控制电路了。在点动控制电路的基础上增加停止按钮和交流接触器的辅助常开触点（该触点与启动按钮并联）后，即为单向连续运行控制电路，简称连动控制电路，也称启保停或长动控制电路。其电气原理图如图 2-1-3 所示。

1. 电路的组成

由图 2-1-3 可看出，主电路由刀开关 QS、熔断器 FU1、接触器 KM 的主触点、热继电器 FR 的热元件和电动机 M 构成；控制线路由热继电器 FR 的常闭触点、停止按钮 SB1、启动按钮 SB2、接触器 KM 常开触点以及它的线圈组成。

2. 工作原理分析

通过对如图 2-1-3 所示的三相异步电动机的接触器自锁控制线路分析，其工作原理如下：

先合上电源开关 QS。

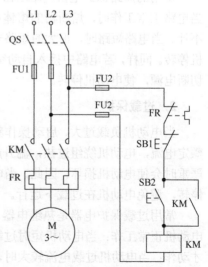

图 2-1-3 连动控制电路电气原理图

【启动控制】

3. 电路特点与自锁概念

电路特点：当松开 SB2，其常开触头恢复分断后，因为交流接触器 KM 的常开辅助触点闭合时已将 SB1 短接，控制电路仍保持接通，所以交流接触器 KM 继续得电，电动机 M 实现连续运转。

自锁概念：这种依靠接触器自身辅助常开触点的闭合而使其线圈保持通电的现象称为自锁或自保。起自锁作用的触点称为自锁触点。

四、电气保护环节

电动机在运行过程中，除按生产机械的工艺要求完成各种正常运转外，还必须在线路出现短路、过载、欠压、失压等现象时，能自动切断电源停止转动，以防止和避免电气设备和机械设备的损坏事故，保证操作人员的人身安全。常用的电动机的电气保护环节有短路保护、过载保护、欠压保护、失压保护等。

1. 短路保护

当电动机绕组和导线的绝缘损坏时，或者控制电器及线路损坏发生故障时，线路将出现短路现象，产生很大的短路电流，使电动机、电器、导线等电气设备严重损坏。因此，在发生短路故障时，保护电器必须立即动作，迅速将电源切断。

常用的短路保护电器是熔断器和自动空气断路器。熔断器的熔体与被保护的电路串联，当电路正常工作时，熔断器的熔体不起作用，相当于一根导线，其上面的压降很小，可忽略不计。当电路短路时，很大的短路电流流过熔体，使熔体立即熔断，切断电动机电源，电动机停转。同样，若电路中接入自动空气断路器，当出现短路时，自动空气断路器会立即动作，切断电源，使电动机停转。

2. 过载保护

当电动机负载过大、启动操作频繁或缺相运行时，会使电动机的工作电流长时间超过其额定电流，电动机绕组过热，温升超过其允许值，导致电动机的绝缘材料变脆，寿命缩短，严重时会使电动机损坏。因此，当电动机过载时，保护电器应立即动作切断电源，使电动机停转，避免电动机在过载下运行。

常用过载保护电器是热继电器。当电动机的工作电流等于额定电流时，热继电器不动作，电动机正常工作；当电动机短时过载或过载电流较小时，热继电器不动作，或经过较长时间才动作；当电动机过载电流较大时，串接在主电路中的热元件会在较短时间内发热弯曲，使串接在控制电路中的常闭触点断开，先后切断控制电路和主电路的电源，使电动机停转。

3. 欠压保护

当电网电压降低，电动机便在欠压下运行。由于电动机负载没有改变，所以欠压下电动机转速下降，定子绕组中的电流增加，而电流增加的幅度尚不足以使熔断器和热继电器动作，所以这两种电器起不到保护作用。如不采取保护措施，时间一长将会使电动机过热损坏。另外，欠压将引起一些电器释放，使电路不能正常工作，也可能导致人身伤害和设备损坏事故。因此，应避免电动机欠压下运行。

实现欠压保护的电器是接触器和电磁式电压继电器。在机床电气控制线路中，只有少数线路专门装设了电磁式电压继电器起欠压保护作用；而大多数控制线路，由于接触器已兼有欠压保护功能，所以不必再加设欠压保护电器。一般当电网电压降低到额定电压的 85% 以下时，接触器（电压继电器）线圈产生的电磁吸力减小到复位弹簧的拉力，动铁芯被释放，其主触点和自锁触点同时断开，切断主电路和控制电路电源，使电动机停转。

4. 失压保护（零压保护）

生产机械在工作时，由于某种原因发生电网突然停电，这时电源电压下降为零，电动机停转，生产机械的运动部件随之停止转动。一般情况下，操作人员不可能及时拉开电源开关，如不采取措施，当电源恢复正常时，电动机会自行启动运转，很可能造成人身伤害和设备损坏事故，并引起电网过电流和瞬间网络电压下降。因此，必须采取失压保护措施。

在电气控制线路中，起失压保护作用的电器是接触器和中间继电器。当电网停电时，接触器和中间继电器线圈中的电流消失，电磁吸力减小为零，动铁芯释放，触点复位，切断了主电路和控制电路电源。当电网恢复供电时，若不重新按下启动按钮，则电动机就不会自行启动，实现了失压保护。

任务实施

1. 观察熟悉石材切割机的电动机、指示灯、按钮等电气元器件分布情况及线路连接情况，并画出其电气元件布置图和电气安装接线图。

2. 电气原理图如图 2-1-4 所示，分析电气原理图，指出哪些电路实现了点动切割、连续切割，分析点动按钮的连接方式，分析压石材的电磁线圈如何与电机运行相关联，分析电源指示及电气保护环节。

3. 选择合适的工具及元器件，在实训模拟板上安装石材切割机的控制电路，并调试成功，且对石材切割机常见故障能进行分析处理。

（1）准备好石材切割机电路所需的元件、材料、工具、器材等。

（2）电路的安装

①准备好合适的工具及元器件，并摆放整齐。

②安装电路应遵循"先主后控，先串后并；从上到下，从左到右；上进下出，左进右出"的原则进行接线。安装电路的工艺要求："横平竖直，弯成直角；少用导线少交叉，多线并拢一起走"。

（3）电路的检查

①对照电路图进行粗查。从电路图的电源端开始，逐段核对各段接线是否正确，接点是否牢固。

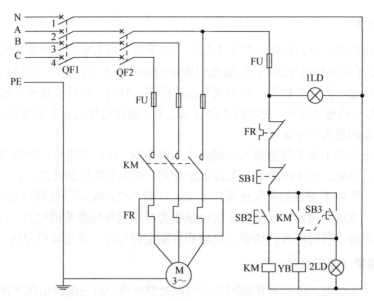

图 2-1-4 石材切割机电气原理图

②用万用表进行通断检查。

③用兆欧表进行绝缘检查。

（4）通过上述检查正确后，可在教师的监护下通电试车。

任务评价

通过以上学习，根据任务完成情况，填写表 2-1-1，完成任务评价。

表 2-1-1 石材切割机电气控制电路的分析与安装调试任务评价表

班级		学 号		姓 名		日 期	
序 号	评 价 内 容			要 求		自评	互评
1	能正确绘制电气元件布置图和电气安装接线图			正确绘制			
2	能正确分析阐述工作原理过程，并能解答任务中的几个问题			思路清晰，解答正确			
3	能遵循安装原则、工艺要求正确安装电气控制电路			遵循原则，正确安装			
4	能正确分析常见故障，并正确处理			分析原因，正确处理			
5	能使用万用表等工具正确检查电气控制电路，并能熟练判别、修正错误			正确检查，熟练调试			
教师评语							

任务 2 载货升降机

任务呈现

载货升降机是一种起重升降机械设备，它可以通过人工对控制系统的按钮操作，完成上下层的货物运输。载货升降机的起升高度从 1m 至 18m 不等，并可根据用户要求定做特殊规格的载货升降机，主要用于工厂流水线、货物仓库、停车场、码头、建筑、物流等的高空货物升降运输。载货升降机实物如图 2-2-1 所示。

任务要求

根据提供的二层简易载货升降机电气原理图，分析载货升降机如何实现一楼、二楼控制上升、下降的功能？如何实现制动？防止升降机冲顶及蹲底的保护措施是什么？最后在实习模拟板上安装调试二层简易载货升降机的控制电路，实现基本控制功能且调试成功。

知识准备

图 2-2-1 载货升降机

一、载货升降机

载货升降机根据类型可分为：剪叉式载货升降机和导轨式载货升降机。剪叉式载货升降机是用于建筑物层高间运送货物的专用载货升降机。它主要用于在各工作层间货物的上下运送；立体车库和地下车库层高间汽车举升等。系统设置防坠、超载安全保护装置，各楼层和升降台工作台面均可设置操作按钮，实现多点控制。产品结构坚固，承载量大，升降平稳，安装维护简单方便，是低楼层间替代电梯的经济实用的理想货物输送设备。根据升降台的安装环境和使用要求，选择不同的可选配置，可取得更好的使用效果。

断火限位器实际是行程开关的一种，断火就是切断主电源。一般用在电动葫芦、升降机等设备起升下降的过程中，起到上下限位的作用，断开主回路中三相中的两相。断火限位器为保护式，主要由动静触头、推位杆（动作杆）、基座、盖及壳体等所组成，当起升钩上升或下降到一定极限位置时，对断火限位器上推拉杆产生推或拉的动作，使其中一对动静触头分断，切断主电源，从而起限位作用；当推拉杆及动作杆复位时，在弹簧力的作用下，合触同时重新闭合。断火限位器如图 2-2-2 所示。

图 2-2-2 断火限位器

二、正、反转控制电路

1．正、反转原理

在三相电源中，各相电压经过同一值（最大值或最小值）的先后次序称为三相电源的相序。如果各相电压的次序为 A—B—C（或 B—C—A，C—A—B），则这样的相序称为正序或顺序。如果各相电压经过同一值的先后次序为 A—C—B（或 B—A—C，C—B—A），则这种相序称为负序或逆序。

根据电动机原理可知，当改变三相交流电动机的电源相序时，电动机便可改变转动方向，即把接入电动机的三相电源进线中的任意两根对调，电动机即可实现反转。

2．控制要求

电动机正、反转启动控制电路最基本的要求就是实现正转和反转，但三相异步电动机的原理与结构决定了电动机在正转时不可能马上实现反转，必须要停车之后方能开始反转，故三相异步电动机正、反转控制要求如下：

（1）当电动机处于停止状态时，此时可按下正转启动按钮，也可按下反转启动按钮；

（2）当电动机正转启动后，可通过按钮控制其停车，随后进行反转启动；

（3）同理，当电动机反转启动后，可通过按钮控制其停车，随后进行正转启动。

3．基本控制电路

如图 2-2-3 所示为两个接触器的电动机正、反转控制电路。

工作原理分析：按下 SB2 时，接触器 KM1 线圈得电，电源和电动机通过接触器 KM1 主触头接通，引入电源相序为 L1—L2—L3，电动机正转；按下停止按钮 SB1 时，接触器 KM1 线圈失电，电动机停止运转；按下 SB3 时，接触器 KM2 线圈得电，电源和电动机通过接触器 KM2 主触头接通，引入电源相序为 L3—L2—L1，电动机反转。

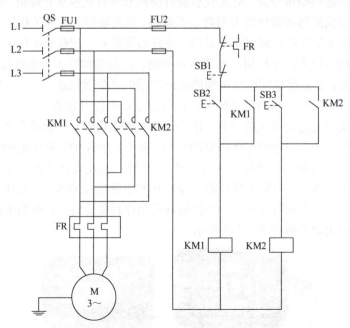

图 2-2-3　两个接触器的电动机正、反转控制电路

4．互锁的概念

在如图 2-2-3 所示电路中，若同时按下 SB2 和 SB3，则接触器 KM1 和接触器 KM2 线圈同时得电并自锁，它们的主触头都闭合，这时会造成电动机三相电源的相间短路事故。

为了避免正、反转两接触器同时得电而造成电源相间短路，就要在这两个相反方向的单向运行线路上加设必要的互锁。

互锁，也称为联锁，就是指接触器相互制约，两个接触器利用自己的辅助触点去控制对方的线圈回路，进行状态保持或功能限制。起互锁作用的触头称为互锁触头。互锁可分为电气互锁和机械互锁。

电气互锁，也称接触器互锁，即将其中一个接触器的常闭触点串入另一个接触器线圈电路中，则任一接触器线圈先带电后，即使按下相反方向按钮，另一接触器也无法得电。

机械互锁，也称按钮互锁，即将复合按钮常开触点作为启动按钮，而将复合按钮的常闭触点接入对方线圈回路中，这样只要按下按钮就自然切断了对方线圈回路，对方接触器无法得电，起到相互制约的作用，实现了互锁。机械互锁的缺点在于：如果接触器的主触头出现粘连故障，会发生短路故障。

5．接触器互锁的电动机正、反转控制电路

如图 2-2-4 所示，在控制电路中，分别将两个接触器 KM1、KM2 的辅助常闭触头串接在对方线圈的回路里，这样形成相互制约的控制，即一个接触器通电时，其辅助常闭触头会断开，使另一个接触器的线圈支路不能通电。

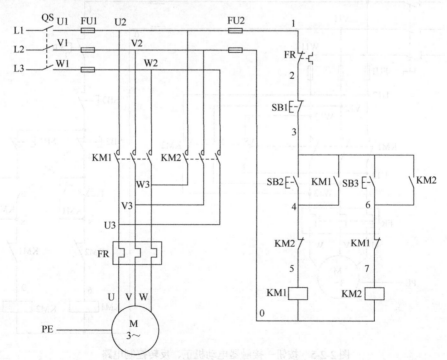

图 2-2-4　接触器互锁的电动机正、反转控制电路

接触器互锁的电动机正、反转控制电路的工作原理如下：

首先，合上电源开关 QS。

（1）正向控制。按下正向启动按钮 SB2，接触器 KM1 线圈通电，与 SB2 并联的 KM1 的辅助常开触点闭合，以保证 KM1 线圈持续通电，串联在电动机回路中的 KM1 的主触点持续闭合，电动机连续正向运转。

（2）停止。按下停止按钮 SB1，接触器 KM1 线圈断电，与 SB2 并联的 KM1 的辅助触点断开，以保证 KM1 线圈持续失电，串联在电动机回路中的 KM1 的主触点持续断开，切断电动机定子电源，电动机停转。

（3）反向控制。按下反向启动按钮 SB3，接触器 KM2 线圈通电，与 SB3 并联的 KM2 的辅助常开触点闭合，以保证 KM2 线圈持续通电，串联在电动机回路中的 KM2 的主触点持续闭合，电动机连续反向运转。

由以上分析可知，在接触器互锁的电动机正、反转控制电路中，当电动机要从正转变为反转时，必须按下停止按钮后，才能按反转启动按钮，否则由于接触器的联锁作用，不能实现反转。

可见，接触器的电动机互锁正、反转控制电路工作安全可靠，但操作不太方便，适用于对换向速度无要求的场合。

6．按钮—接触器双重互锁的电动机正、反转控制电路

为了克服接触器互锁正、反转控制电路操作不方便的不足，可采用按钮—接触器双重互锁的电动机正、反转控制电路，如图 2-2-5 所示。

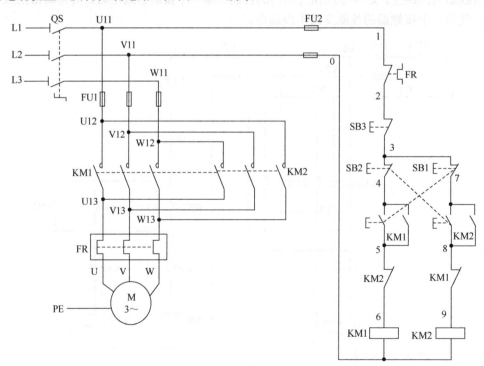

图 2-2-5　按钮—接触器电动机正、反转控制电路

（1）按钮—接触器双重互锁的电动机正、反转控制电路的工作原理如下：

先合上电源开关 QS。

①正转控制:

按下 SB1 ┏→SB1 常闭触头先分断对 KM2 联锁(切断反转控制电路)
     ┗→SB1 常开触头后闭合→KM1 线圈得电——

   ┏→KM1 自锁触头闭合自锁→电动机 M 启动连续正转运转
→ ┣→KM1 主触头闭合
   ┗→KM1 联锁触头分断对 KM2 联锁(切断反转控制电路)

②反转控制:

          ┏→KM1 联锁触头恢复闭合
按 SB2→SB2 常闭先分断→KM1 线圈失电 ┣→KM1 常开辅助触头断开
          ┗→KM1 主触断开→电机 M 停转

 ┗→SB2 常开触头后闭合→KM2 线圈得电→

   ┏→KM2 自锁触头闭合自锁→电动机 M 启动连续反转运转
→ ┣→KM2 主触头闭合
   ┗→KM2 联锁触头分断对 KM1 联锁(切断正转控制电路)

③停止:

按下 SB3→控制电路失电→接触器线圈失电→接触器主触点分断→电动机 M 停转

(2)双重互锁控制电路的优缺点:

①优点:

按钮—接触器双重互锁电动机正、反转控制线路是将按钮互锁正、反转控制线路和接触器互锁正、反转控制线路组合在一起而形成的一个新电路,所以它兼有以上两种电路的优点,既操作方便,又安全可靠,不会造成电源两相短路的故障。

②缺点:

电路比较复杂,连接电路比较困难,容易出现连接错误,而使电路发生故障。

由上述分析可知,双重互锁电动机正、反转控制电路使电路操作方便、工作安全可靠,在机械设备的控制中被广泛采用。

三、制动控制电路

三相异步电动机的定子绕组在脱离电源后,由于机械惯性的作用,转子需要一段时间才能完全停止。在实际生产中,往往要求机床能迅速停车和准确定位,而电动机的这种机械惯性使得非生产时间延长,影响了劳动生产率,不能适应某些生产机械的工艺需求。

在实际生产中,为了保证工作设备的可靠性和人身安全,为了实现快速、准确停车,缩短非生产时间,提高生产机械效率,会对要求停转的电动机采取措施,强迫其迅速停车,这个过程就叫做"制动"。电动机的制动方式主要有机械制动和电气制动。

机械制动:采用机械装置使电动机断开电源后迅速停转的制动方法。机械制动主要采用电磁抱闸、电磁离合器制动,两者都是利用电磁线圈通电后产生磁场,使静铁芯产生足够大的吸力吸合衔铁或动铁芯(电磁离合器的动铁芯被吸合,动、静摩擦片分开),克服弹簧的拉力而满足工作现场的要求。电磁抱闸是靠闸瓦的摩擦片制动闸轮，电磁离合器是利用动、静摩擦片之间足够大的摩擦力使电动机断电后立即制动的（图 2-2-6）。

（1）电磁抱闸断电制动控制电路

电磁抱闸断电制动控制电路如图 2-2-7 所示。合上电源开关 QS 和开关 K，电动机接通电源，同时电磁抱闸线圈 YB 得电，衔铁吸合，克服弹簧的拉力使制动器的闸瓦与闸轮分开，电动机正常运转。断开开关，电动机失电，同时电磁抱闸线圈 YB 也失电，衔铁在弹簧拉力作用下与铁芯分开，并使制动器的闸瓦紧紧抱住闸轮，电动机被制动而停转。

图 2-2-6　电磁制动器

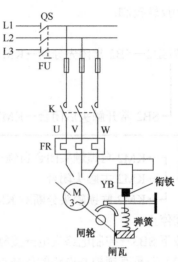

图 2-2-7　电磁抱闸断电制动控制电路

图中开关 K 可采用倒顺开关、主令控制器、交流接触器等控制电动机的正、反转，满足控制要求。倒顺开关实物图及接线示意图如图 2-2-8 所示（图中 2、3、5 接点分别接图 2-2-7 中 U、V、W 接点）。这种制动方法在起重机械上广泛应用，如行车、卷扬机、电动葫芦（大多采用电磁离合器制动）等。其优点是能准确定位，可防止电动机突然断电时重物自行坠落而造成事故。

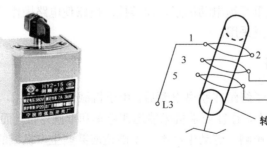

图 2-2-8　倒顺开关实物图及接线示意图

（2）电磁抱闸通电制动控制电路

电磁抱闸断电制动时，其闸瓦紧紧抱住闸轮，若想手动调整工件是很困难的。因此，对电动机制动后仍想调整工件的相对位置的机床设备就不能采用断电制动，而应采用通电制动控制，其电路如图 2-2-9 所示。当电动机得电运转时，电磁抱闸线圈无法得电，闸瓦与闸轮分开无制动作用；当电动机需停转按下停止按钮 SB2 时，复合按钮 SB2 的常闭触头先断开，切断 KM1 线圈，KM1 主、辅触头恢复无电状态，结束正常运行，并为 KM2 线圈得电作好准备，经过一定的行程，SB2 的常开触头接通 KM2 线圈，其主触头闭合，电磁抱闸的线圈得电，使闸瓦紧紧抱住闸轮制动；当电动机处于停转常态时，电磁抱闸线圈也无电，闸瓦与闸轮分开，这时操作人员可扳动主轴调整工件或对刀等。

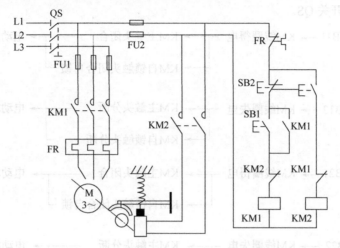

图 2-2-9　电磁抱闸通电制动控制电路

四、多地控制电路

在一些大型生产机械和设备上，要求操作人员在不同方位能进行操作与控制，即实现多地控制。能在两地或多地控制同一台电动机的控制方式叫做电动机的多地控制。多地控制是用多组启动按钮和停止按钮来进行控制的。

多地控制电路如图 2-2-10 所示。

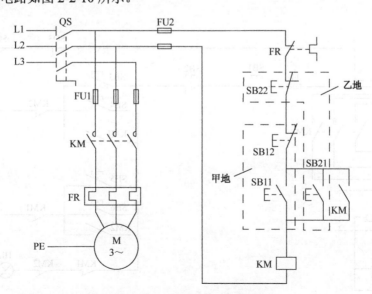

图 2-2-10　电动机多地控制电路

电路说明：图 2-2-10 中 SB11、SB12 为安装在甲地的启动按钮；SB21、SB22 为安装在乙地的启动按钮。

线路特点：两地的启动按钮 SB11、SB21 要并联接在一起；停止按钮 SB12、SB22 要串联接在一起。这样就可以分别在甲、乙两地启动和停止同一台电动机，达到操作方便的目的。

工作原理：

先合上电源开关 QS。

甲地启动：按下SB11 ⟶ KM线圈得电 ┬⟶ KM主触头闭合 ┬⟶ 电动机M启动连续运转
                                         └⟶ KM自锁触头闭合自锁 ┘

甲地停止：按下SB12 ⟶ KM线圈失电 ┬⟶ KM主触头分断 ┬⟶ 电动机M失电停转
                                         └⟶ KM自锁触头分断 ┘

乙地启动：按下SB21 ⟶ KM线圈得电 ┬⟶ KM主触头闭合 ┬⟶ 电动机M启动连续运转
                                         └⟶ KM自锁触头闭合自锁 ┘

乙地停止：按下SB22 ⟶ KM线圈失电 ┬⟶ KM主触头分断 ┬⟶ 电动机M失电停转
                                         └⟶ KM自锁触头分断 ┘

任务实施

一、观察操作载货升降机的工作过程及控制特点，注意它的电气保护机构。

二、借助如图 2-2-11 所示的参考资料，分解电气原理图，完成下面问题。

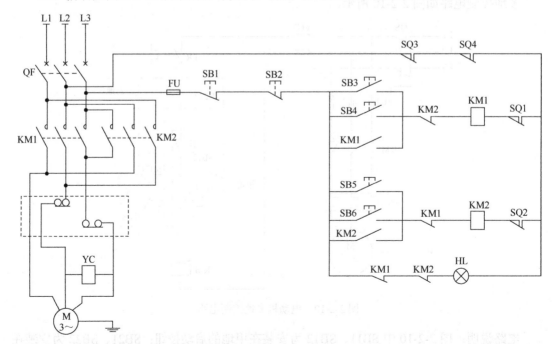

图 2-2-11　两层楼简易升降蓝电气图

（1）电路图可以分解为哪些基本电路？

（2）如何防止相间短路的情况发生？

（3）如何实现制动？是通电制动还是断电制动？

（4）门栏限位及断火限位器安装在哪里及作用是什么？

（5）防止升降机冲顶或蹲底的保护措施是什么？

（6）电路电气保护环节有哪些？

三、根据电气原理图，能讲述载货升降机的工作过程及原理，并选择合适的工具及元器件，在实训模拟板上安装载货升降机的电气控制电路。要求在调试过程中能对载货升降机常见故障进行分析处理。

任务评价

通过以上学习，根据任务完成情况，填写表 2-2-1，完成任务评价。

表 2-2-1 载货升降机电气控制电路的分析与安装调试任务评价表

班级		学号		姓名		日期	
序号	评价内容			要求		自评	互评
1	能正确分析阐述载货升降机的工作原理过程，并能解答任务中的几个问题			思路清晰，解答正确			
2	能遵循安装原则、工艺要求正确安装载货升降机电气控制电路			遵循原则，正确安装			
3	能正确分析载货升降机的常见故障，正确使用万用表等工具并排故			分析原因，正确处理			
教师评语							

任务 3 CA6140 车床

任务呈现

车床是一种应用极为广泛的金属切削机床，主要用于加工轴、盘、套和其他具有回转表面的工件，并可通过尾架进行钻孔、铰孔等切削加工，是机械制造和修配工厂中使用最广的一类设备。根据结构和用途的不同，车床可分为普通车床、落地车床、立式车床、转塔车床、仿形车床、多刀车床等。其中，CA6140 型普通车床应用尤为广泛。实物如图 2-3-1 所示。

任务要求

理解 CA6140 车床控制电路是如何实现控制要求的？例如：如何实现机床刀架快速移动？如何实现车床自动连续运转工作？如何实现保证主轴启动时必须先让油泵电动机启动，

以使齿轮箱有充分的润滑油的要求？机床的电路保护环节有哪些？要求绘制电路图，最终按图纸安装一台 CA6140 车床控制电路，并调试成功。

图 2-3-1　CA6140 车床

 知识准备

一、顺序控制电路

在多台电动机驱动的生产机械上，各台电动机所起的作用不同，设备有时要求某些电动机按一定顺序启动并工作，以保证操作过程的合理性和设备工作的可靠性。在生产实践中，根据生产工艺的要求，经常要求各种运动部件之间或生产机械之间能够按顺序工作。

例如：在某电厂中，有引风机、送风机两种电机设备，引风机作为引入设备，要求在送风机运转之前运行，即启动引风机后方可启动送风机，在引风机未启动的情况下，送风机无法启动。阀门与主泵电机、压缩机与辅助油泵等都属于顺序控制。大多数工厂中的流水线、传送带也都是顺序控制。例如：机械加工车床的主轴启动时必须先让油泵电动机启动，以使齿轮箱有充分的润滑油。这就得对电动机启动过程提出顺序控制的要求，实现顺序控制要求的电路称为顺序控制电路。

常用的顺序控制电路有两种：一种是主电路的顺序控制电路；另一种是控制电路的顺序控制电路。

（一）主电路实现

如图 2-3-2 所示为电动机主电路实现的顺序控制电路。

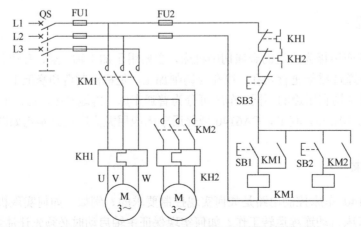

图 2-3-2　电动机主电路实现的顺序控制电路

只有当 KM1 闭合、电动机 M1 启动运转后，KM2 才能使 M2 得电启动，满足电动机 M1、M2 顺序启动的要求。

其工作原理为：合上电源开关 QS，按下启动按钮 SB1，KM1 线圈通电并自锁，电动机 M1 启动旋转，此时再按下按钮 SB2，KM2 线圈通电并自锁，电动机 M2 启动旋转。如果先按下 SB2 按钮，则因 KM1 主触头断开，电动机 M2 主电路断开，不能先启动，这样便达到了按顺序启动电动机 M1、M2 的目的。

停止时，按下 SB3，电动机 M1、M2 同时停止。

（二）控制电路实现

如图 2-3-3 所示为电动机控制电路实现的手动顺序控制电路。

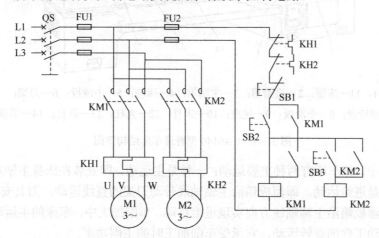

图 2-3-3　电动机控制电路实现的手动顺序控制电路

其工作原理为：合上电源开关 QS，按下 M1 启动按钮 SB2，KM1 线圈得电，KM1 自锁触头闭合，对 KM1 自锁，KM1 主触头闭合，电机 M1 正转；松开 SB2，电动机继续运行；按下 M2 启动按钮 SB3，KM2 线圈得电，KM2 自锁触头闭合，对 KM2 自锁，KM2 主触头闭合，电动机 M2 正转；松开 SB3，电动机 M1、M2 继续正转。如果先按下 M2 启动按钮 SB3，则因 KM1 自锁触头断开，电动机 M2 不可能先启动，这样便达到了按顺序启动电动机 M1、M2 的目的。

停止时，按下停止按钮 SB1，KM1、KM2 线圈同时失电，动合辅助触头断开，解除自锁，动合主触头断开，电动机 M1、M2 同时停止转动。

二、CA6140 车床的分析

CA6140 车床是一款经典的普通车床，应用极为广泛，适用于加工各种轴类、套筒类和盘类零件上的回转表面，例如车削内外圆柱面、圆锥面、环槽及成型回转表面，加工端面及加工各种常用的公制、英制、模数制和径节制螺纹，还能进行钻孔、铰孔、滚花等工作。它的加工范围较广，但自动化程度低，适于小批量生产及修配车间使用。普通车床主要由床身、主轴变速箱、进给箱、溜板箱、刀架、尾架、丝杠和光杠等部件组成。

1．主要结构、运动形式及控制要求

CA6140 型普通车床主要由车身、主轴、刀架、溜板箱和尾架等部分组成，如图 2-3-4 所示。

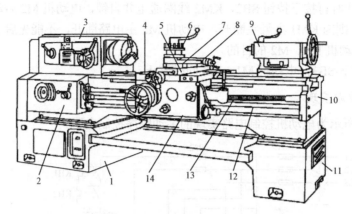

1，11—床腿；2—进给箱；3—主轴箱；4—床鞍；5—中滑板；6—刀架；

7—回转盘；8—小滑板；9—尾座；10—床身；12—光杠；13—丝杠；14—溜板箱

图 2-3-4　CA6140 型普通车床结构简图

车削加工中，该车床有两种主要运动：一种是主运动，即安装在床身主轴箱中的主轴的转动；另一种是进给运动，即溜板箱沿主轴轴线带动刀架的直线运动。刀具安装在刀架上，与滑板一起随溜板箱沿主轴轴线方向实现进给移动。车削加工中，车床的主运动为主轴通过卡盘或顶尖带动工件的旋转运动，它承受车削加工时的主削功率。

CA6140 型普通车床加工时一般不要求反转，但在加工螺纹时，为避免乱扣，加工完毕后要求反转退刀，再纵向进刀继续加工，这就要求主轴可正、反转。主轴的反转是由主轴电动机经传动机构实现的，也可以通过机械方式使主轴反转。车床的进给运动是溜板带动刀架的纵向和横向运动，运动方式有手动和机动两种。

CA6140 型普通车床共有三台电动机：主轴电动机 M1、冷却泵电动机 M2 和快速移动电动机 M3。其控制要求如下。

（1）主电动机 M1 完成主轴主运动和刀具的纵横向进给运动的驱动，电动机为不调速的笼型异步电动机，采用直接启动方式，主轴采用机械变速，正、反转采用机械换向机构。

（2）冷却泵电动机 M2 在加工时提供冷却液，防止刀具和工件的温升过高；在主轴电动机 M1 启动后，扳动冷却泵开关 SC1 来控制接触器 KM2，实现冷却泵电动机的启动和停止。

（3）快速移动电动机 M3 实现刀架快速移动，可根据使用需要随时手动控制其启停。

CA6140 型普通车床电气原理图如图 2-3-5 所示。

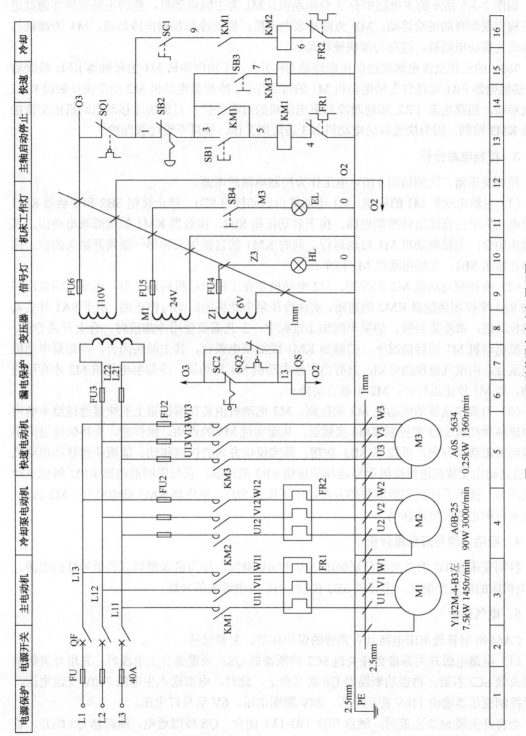

图 2-3-5　CA6140 型普通车床电气原理图

2．主电路分析

如图 2-3-5 所示的主电路中有 3 台电动机：M1 为主轴电动机，拖动主轴旋转并通过进给机构实现车身的进给运动；M2 为冷却泵电动机，拖动冷却泵输出冷却液；M3 为溜板与刀架快速移动电动机，拖动刀架快速移动。

380V 的三相交流电源通过低压断路器 QF 引入，主轴电动机 M1 由接触器 KM1 控制启动，热继电器 FR1 实现对主轴电动机 M1 的过载保护；冷却泵电动机 M2 由交流接触器 KM2 控制启动，热继电器 FR2 实现对冷却泵电动机的过载保护；刀架快速移动电动机由交流接触器 KM3 控制，因为快速移动电动机 M3 是短期工作，故可不设过载保护。

3．控制电路分析

控制变压器二次侧输出 110V 电压作为控制电路的电源。

（1）主轴电动机 M1 的控制。M1 电动机由启动按钮 SB1、停止按钮 SB2 和接触器 KM1 构成电动机单向连续运转控制电路。按下启动按钮 SB2，接触器 KM1 的线圈获电动作，其主触头闭合，主轴电动机 M1 启动运行。同时 KM1 的自锁触头和另一副常开触头闭合。按下停止按钮 SB1，主轴电动机 M1 停车。

（2）冷却泵电动机 M2 的控制。M2 电动机是在主轴电动机启动之后，扳动冷却泵控制开关 SA1 来控制接触器 KM2 的通断，实现冷却泵电动机的启动与停止的。由于 SA1 开关具有定位功能，故不需自锁。如果车削加工过程中，工艺需要使用冷却液时，合上开关 QS2，在主轴电动机 M1 运转情况下，接触器 KM1 线圈获电吸合，其主触头闭合，冷却泵电动机获电运行。由电气原理图可知，只有当主轴电动机 M1 启动后，冷却泵电动机 M2 才有可能启动，当 M1 停止运行时，M2 也就自动停止。

（3）刀架快速移动电动机 M3 的控制。M3 电动机由装在溜板箱上的快慢速进给手柄内的快速移动按钮 SB3 来控制 KM3 接触器，从而实现 M3 的点动。操作时，先将快速进给手柄扳到所需移动方向，再按下 SB3 按钮，即实现该方向的快速移动。溜板快速移动电动机 M3 的启动由安装在进给操纵手柄顶端的按钮 SB3 来控制，它与中间继电器 KM3 组成点动控制环节，操纵手柄扳到所需要的方向，压下按钮 SB3，继电器 KM3 获电吸合，M3 启动，溜板就向指定方向快速移动。

4．照明、信号灯电路分析

控制变压器 TC 的二次侧分别输出 24V 和 6V 电压，作为机床照明灯和信号灯的电源。EL 为机床的低压照明灯，由开关 SB3 控制；HL 为电源的信号灯。

5．电气保护

CA6140 型普通车床电路具有完善的保护环节，主要包括：

（1）电路电源开关系带有开关锁 SC2 的断路器 QS。当需要合上电源时，先用开关钥匙将开关锁 SC2 右旋，再扳动断路器 QF 将其合上，此时，电源送入主电路 380V 交流电压，并经控制变压器输出 110V 控制电压，24V 照明电压，6V 信号灯电压。

当将开关锁 SC2 左旋时，触点 SC2（03-13）闭合，QS 线圈通电，断路器 QS 跳开。若出现误操作，又将 QS 合上，QS 将在 0.1s 内再次自动跳闸。

由于机床接通电源需使用钥匙开关，再合上开关，增加了安全性。

（2）在机床控制配电盘壁龛门上装有安全行程开关 SQ2。当打开配电盘壁龛门时，行程开关触点 SQ2（03-13）闭合，将使 QS 线圈通电，QS 断路器自动断开，切断机床电源，以确保人身安全。

（3）在机床床头皮带罩处设有安全开关 SQ1。当打开床头皮带罩，SQ1（03-1）断开，使接触器 KM1、KM2、KM3 线圈断电释放，电动机全部停止转动，以确保人身安全。

（4）为满足打开机床配电盘壁龛门进行带电检修的需要，可将 SQ2 开关传动杆拉出，使触点 SQ2（03-13）断开，此时 QS 线圈断电，QS 开关仍可合上。当检修完毕，关上壁龛门后，SQ2 开关传动杆复原，保护作用照常。

（5）电动机 M1、M2 由热继电器 FR1、FR2 实现电动机长时间过载保护；低压断路器 QF 实现全电路的电流、欠电压、热保护；熔断器 FU1～FU6 实现各部分电路的短路保护。

任务实施

（1）观察并熟悉 CA6140 型普通车床的主轴、冷却泵、刀架快速移动电动机及变压器等电气元器件分布情况及线路连接情况。

（2）观察 CA6140 型普通车床的动作情况，分析电气原理图，指出哪些基本电路实现了如下控制要求：刀架快速移动、自动连续运转、保证主轴启动时必须先让油泵电动机启动及电路电气保护环节。

（3）根据电气原理图，选择合适的工具及元器件，在实训模拟板上安装 CA6140 型普通车床的电路图，安装调试过程中能对 CA6140 普通车床的常见故障进行分析处理。

任务评价

通过以上学习，根据任务完成情况，填写表 2-3-1，完成任务评价。

表 2-3-1 CA6140 型普通车床电气控制电路的分析与安装调试任务评价表

班级		学号		姓名		日期	
序号		评价内容			要求	自评	互评
1	阐述原理	能正确分析阐述 CA6140 型车床的工作原理过程，并能解答任务中的几个问题			思路清晰，解答正确		
2	安装电路	能遵循安装原则、工艺要求，正确安装 CA6140 型车床电气控制电路			遵循原则，正确安装		
3	故障处理	能正确分析 CA6140 型车床的常见故障，并使用万用表等工具正确处理故障			分析原因，正确处理		
教师评语							

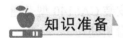

任务4 消防泵

任务呈现

火灾是现代城市中最常见的灾难之一。因此，消防系统设备及设施是每栋建筑和居民小区必备的设施。消防泵是消防系统中最重要的设备，它主要用于消防系统管道增压送水，也可用于工业和城市给排水、高层建筑增压送水、远距离送水、采暖、浴室、锅炉冷暖水循环增压空调制冷系统送水及设备配套等场合。因为系统要求供水的压力要求比较高，因此要求消防泵的功率也要大，所以消防泵的启动运行控制又不影响电网是一个关键。

任务要求

根据提供的消防栓，用消防泵一用一备的电路原理图来分析控制电路的原理及工作过程。解释为什么需要有手动、自动两种控制方式？电路如何实现备用泵自投运行的？如何启动控制的大功率消防泵来减小对电网的冲击？控制电路中有哪些电气保护环节？

知识准备

一、消火栓灭火系统

消火栓灭火系统采用的消火栓灭火是最常用的移动式灭火方式，它由蓄水池、加压送水装置（水泵）及室内消火栓等主要设备构成（图2-4-1、图2-4-2）。室内消火栓系统由水枪、水龙带、消火栓、消防管道等组成。常用的加压设备有两种：消防水泵和气压给水装置。采用消防水泵时，在每个消火栓内设置消防按钮，灭火时用小锤击碎按钮上的玻璃小窗，按钮不受压而复位，从而通过控制电路启动消防水泵。采用气压给水装置时，可采用电接点压力表，通过测量供水压力来控制水泵的启动。消火栓用消防水泵的控制要求为：

图2-4-1　消防泵房

图 2-4-2　消防泵

（1）消火栓用消防泵多数是两台一组，一备一用，互为备用。

（2）互为备用的另一种形式为水压不足时，备用泵自动投入运行。另外，当水源无水时，水泵能自动停止运转，并设水泵故障指示灯。

（3）消火栓消防泵由消火栓箱内消防专用控制按钮及消防中心控制。

（4）设有工作状态选择开关：消火栓消防泵有手动、自动两种操作方式。

（5）消防按钮启动后，消火栓泵应自动投入运行，同时应在建筑物内部发出声光报警，通告住户。

（6）为了防止消防泵误启动使管网水压过高而导致管网爆裂，需加设管网压力监视保护。

（7）消防泵属于一级供电负荷，需双电源供电，末端互投。

二、浮球液位开关

液位控制器是通过机械式或电子式的方法来进行高低液位的控制的，可以控制电磁阀、水泵等，从而实现半自动化或者全自动化。它可分为：电子式液位开关控制、浮球开关控制、液位继电器控制、非接触式控制。

浮球液位开关（SL）是一种结构简单、使用方便、安全可靠的液位控制器。它比一般机械开关速度快、工作寿命长；与电子开关相比，它又有抗负载冲击能力强的特点，应用比较广泛。实物图如图 2-4-3 所示。原理结构：在密闭的非导磁性管内安装有一个或多个干簧管，然后将此管穿过一个或多个中空且内部有环形磁铁的浮球，液位的上升或下降将带动浮球一起上下移动，从而使该非导磁性管内的干簧管产生吸合或断开的动作，从而输出一个开关信号，控制电路来使水泵进水或停水，如此循环。

三、降压启动控制

电动机通电后由静止状态逐渐加速到稳定运行状态的过程称为电动机的启动。电动机有直接启动和间接启动两种方式。直接启动，也称为全电压启动或全压启动，即将额定电压全部加到电动机定子绕组上使电动机启动，如前面所讲的点动、连续运行电路等都

图 2-4-3　浮球液位开关

是全压启动电路。直接启动是一种简单、可靠、经济的启动方式，适合于小容量的电动机。

电动机全压启动的电流一般可达额定电流的 4~7 倍，过大的启动电流将导致电源变压器输出电压大幅度下降，将会减小电动机本身的启动转矩，还将影响同一供电网络中其他设备的正常工作，甚至使它们停转或无法启动。

因此，对于较大容量（大于 10kW）的电动机，一般采用降压启动的方式降低启动电流。有时为了减少和限制启动时对机械设备的冲击，即使允许直接启动的电动机，也往往采用降压启动。

降压启动是指利用启动设备或线路，降低加在电动机绕组上的电压进行启动，待电动机启动运转后，再使其电压恢复到额定值正常运转。由于电流随电压的降低而减少，所以降压启动达到了减小启动电流的目的；但同时由于电动机转矩与电压的二次方成正比，所以降压启动也将导致电动机的启动转矩大大降低，因此降压启动需要在空载或轻载下进行。

常用的降压启动方法有：定子绕组串电阻（或电抗）启动、星形—三角形降压启动、自耦变压器降压启动等。

一般的笼型异步电动机的接线盒中有 6 根引出线，标有 U1、V1、W1、U2、V2、W2。其中，U1、U2 是第一相绕组的两端，V1、V2 是第二相绕组的两端，W1、W2 是第三相绕组的两端；如果 U1、V1、W1 分别为三相绕组的始端，则 U2、V2、W2 是相应的末端。

这 6 个引出端在接通电源之前，相互间必须正确连接，连接方法有星形（Y）和三角形（△）两种形式，如图 2-4-4 所示。

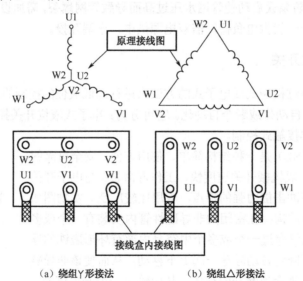

图 2-4-4 异步电动机的Y—△连接形式

Y—△降压启动是指电动机启动时，使定子绕组接成Y形连接，以降低启动电压，限制启动电流；电动机启动后，当转速上升到接近额定值时，再把定子绕组改接为△连接，使电动机在额定电压下运行。

时间继电器自动控制的Y—△降压启动线路原理图如图 2-4-5 所示。

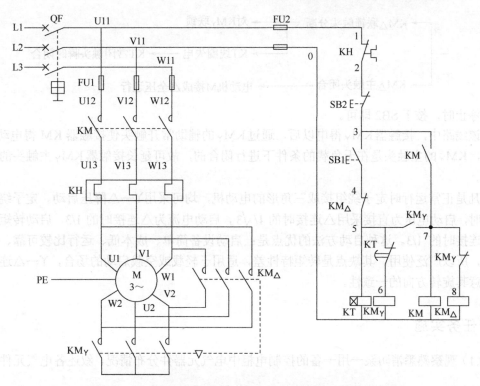

图 2-4-5　时间继电器自动控制的丫—△降压启动线路原理图

该电路由三个接触器、一个热继电器、一个时间继电器和两个按钮组成。接触器 KM 做引入电源用，接触器 KM_丫 和 KM_△ 分别作丫形降压启动用和△运行用，时间继电器 KT 用作控制丫形降压启动时间和完成丫—△自动切换。SB1 是启动按钮，SB2 是停止按钮，FU1 用于主电路的短路保护，FU2 用于控制电路的短路保护，KH 用于过载保护。

电路的工作原理如下：

降压启动：先合上电源开关 QF。

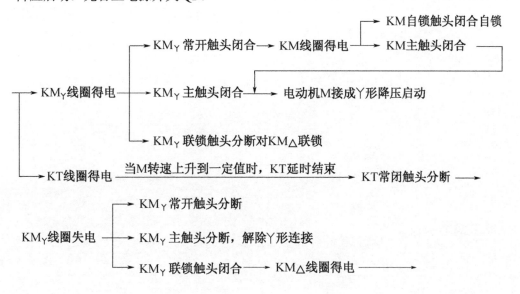

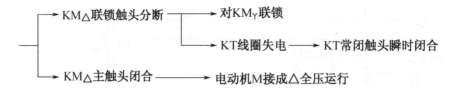

停止时，按下 SB2 即可。

该线路中，接触器 KM$_Y$ 得电以后，通过 KM$_Y$ 的辅助常开触头使接触器 KM 得电动作，因此，KM$_Y$ 的主触头是在无负载的条件下进行闭合的，故可延长接触器 KM$_Y$ 主触头的使用寿命。

凡是正常运行时定子绕组接成三角形的电动机，均可采用 Y—△降压启动。定子绕组 Y 连接时，启动电压为直接采用△连接时的 $1/\sqrt{3}$，启动电流为△连接时的 1/3，启动转矩也只有△连接时的 1/3。这种启动方法的优点是：启动设备简单、成本低、运行比较可靠、维护方便，所以广泛使用。其缺点是转矩特性差，适用于轻载或空载启动的场合，Y—△连接时要注意其旋转方向的一致性。

任务实施

（1）观察熟悉消防泵一用一备的控制电柜中电气元器件分布情况，叙述各电气元件的作用。

（2）观察消防泵电柜中各电气元件的动作顺序情况，借助提供的资料（图 2-4-6），完成如下任务：

① 手动、自动控制方式如何实现？

② 电路如何实现备用泵自动投入运行的？

③ 水位过低时，如何实现报警？

④ 如何启动控制的大功率消防泵来减小对电网的冲击？

⑤ 控制电路中有哪些电气保护环节？

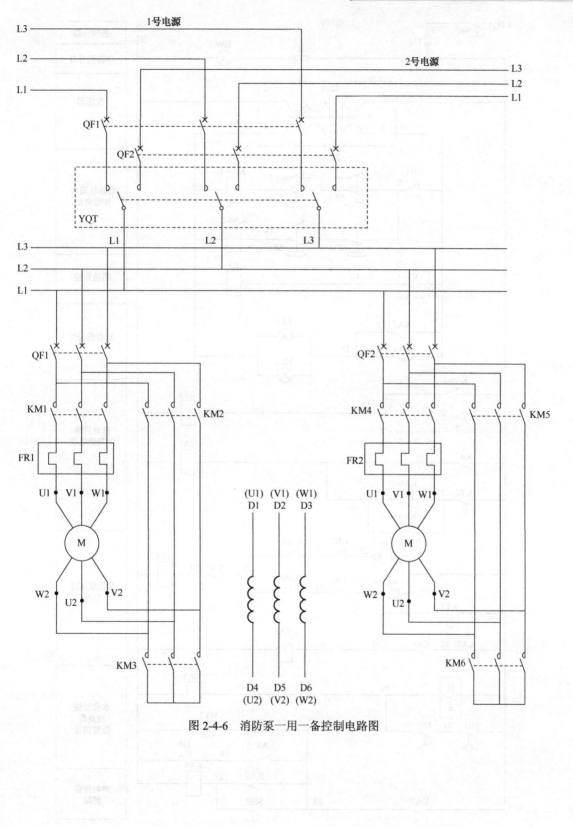

图 2-4-6　消防泵一用一备控制电路图

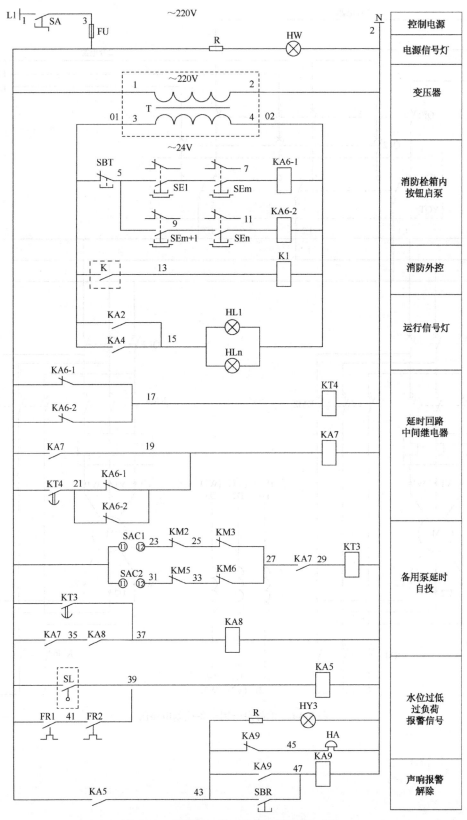

图 2-4-6　消防泵一用一备控制电路图（续）

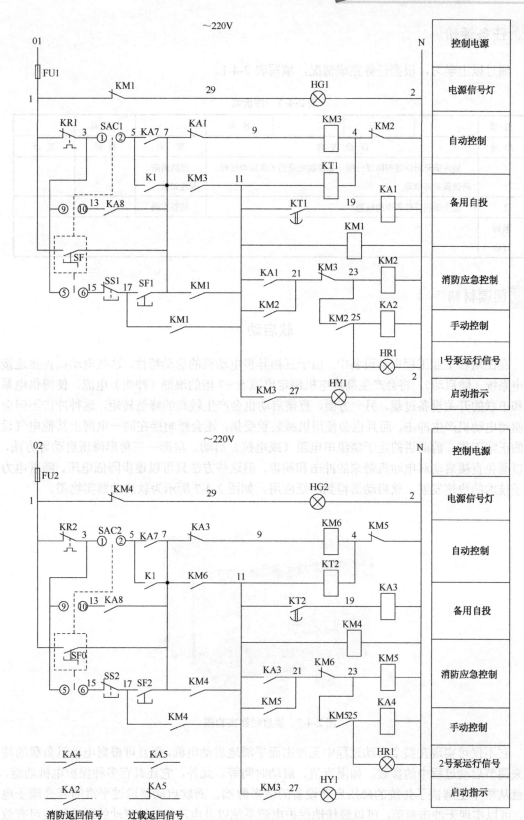

图 2-4-6 消防泵一用一备控制电路图（续）

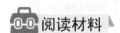任务评价

通过以上学习，根据任务完成情况，填写表2-4-1。

表2-4-1　评价表

班　级		学　号		姓　名		日　期	
序号	评　价　内　容				要　求	自评	互评
1	能正确分析阐述消防泵一用一备控制电路的工作原理过程、联锁保护环节等				思路清晰，表述完整		
2	能正确回答任务中的问题				回答正确		
教师评语							

阅读材料

软启动

在民用和工业工程电动设备中，由于三相异步电动机的启动特性，这些电动机直接连接供电系统（硬启动），将会产生高达电机额定电流5～7倍的浪涌（冲击）电流，使得供电系统和串联的开关设备过载。另一方面，直接启动也会产生较高的峰值转矩，这种冲击不但会对驱动电动机产生冲击，而且也会使用机械装置受损，还会影响接在同一电网上其他电气设备的正常工作。前面讲的定子绕组串电阻（或电抗）启动、星形—三角形降压启动等方法，可以避免直接启动对电动机带来的冲击和损害，但这些方法只可以逐步降低电压。随着电力电子技术的快速发展，软启动器得到广泛应用。如图2-4-7所示为软启动器实物图。

图2-4-7　软启动器实物图

它不仅可实现在整个启动过程中无冲击而平滑地启动电机，而且可根据电动机负载的特性来调节启动过程中的参数，如限流值、启动时间等。此外，它还具有多种保护电机功能，这就从根本上解决了传统的降压启动设备的诸多弊端。而软启动器通过平滑的升高端子电压，可以实现无冲击启动，可以最佳地保护电源系统以及电动机。软启动的限流特性可有效限制浪涌电流，避免不必要的冲击力矩以及对配电网络的电流冲击，有效地减少线路刀闸和

接触器的误触发动作；对频繁启停的电动机，可有效控制电动机的温升，大大延长电动机的寿命。目前应用较为广泛、工程中常见的软启动器是晶闸管（SCR）软启动。

软启动器现已广泛用于冶金、钢铁、油田、水电站等各个行业，主要用在空压机、泵、风机等辅机控制领域。采用传统控制结构存在诸多缺陷，对于大负载，其问题就显得更为突出，软启动器不但克服了传统控制结构的不足，而且使控制功能更加完善。选择软启动器启动电动机是未来必然的发展方向。

项目总结

本项目中主要认识了 CA6140 型车床的基本电气元件，实际还有速度继电器、压力继电器、光电开关等，这些电气元件需要在以后的实际工作中自己了解掌握；点动控制、自锁控制、正反转控制、顺序控制、降压启动等基本控制是构成和实现继电器控制设备功能的基本电路；还有电路的电气保护环节，例如短路、过载、失压互锁等。所有这些的目的都是为了保护人身安全及电机的安全。

课后练习

1. 电动机"正—反—停"控制线路中，复合按钮已经起到了互锁作用，为什么还要用接触器的常闭触点进行联锁？

2. 什么是自锁控制？为什么说接触器自锁控制线路具有欠压和失压保护？

3. 三相交流电动机反接制动和能耗制动分别适用于什么情况？

4. 设计主电路和控制电路。控制要求为：按下启动按钮，电机正转，5s 后，电机自行反转，再过 10s，电机停止，并具有短路、过载保护。

5. 设计主电路和控制电路。控制要求：动作顺序如下：

（1）小车由原位开始前进，到终点后自动停止。

（2）在终点停留 20s 后，自动返回原位并停止。要求在前进或后退途中，任意位置都能停止或启动，并具有短路、过载保护。

项目 3 PLC 入门

项目描述

可编程序控制器（Programmable Logic Controller，简称 PLC）是综合计算机技术、自动化控制技术及通信技术迅速发展起来的新一代工业自动化控制装置，目前已成为现代工业自动化生产三大支柱（PLC、机器人、计算机辅助设计与制造）之一，因此从事机电专业的技术人员应该掌握 PLC 应用技术。

本项目中要求撰写一份市场调查报告及应用 STEP7 软件完成实现点动控制的任务。通过任务的完成，使学生掌握 PLC 的应用、特点、工作原理及编程软件的应用。

任务 1 认识 PLC

任务呈现

了解：PLC 相对于继电器的优劣比较；PLC 在工业控制领域中的应用；选用 PLC 时应注意的性能指标；PLC 的基本结构。

掌握：PLC 的工作原理。

任务要求

调查了解市场上各主流的 PLC，但要以西门子 200 系列的 PLC 为调查重点，写一份调查报告。报告中包括该类型的型号、价格、功能等，重点讲述 PLC 的输入、输出接口及工作原理。

知识准备

一、PLC 简介

国际电工委员会（IEC）对 PLC 的定义是："可编程序控制器是一种数字运算操作的电子系统，专为在工业环境下应用而设计。它采用可编程序的存储器，用来在其内部存储执行逻辑运算、顺序控制、定时、计数和算术运算等操作的指令，并通过数字式或模拟式的输入和输出控制各种类型的机械或生产过程。可编程序控制器及其有关外围设备，都应按易于与工业控制系统联成一个整体、易于扩充其功能的原则设计。"PLC 分类见表 3-1-1,特点见表 3-1-2。

表 3-1-1 PLC 分类

分类标准	类 别	描 述
地域	美派	代表厂家:A-B 公司、通用电气公司、德州仪器(TI)公司
	欧派	代表厂家:西门子(SIEMENS)公司、AEG 公司、TE 公司
	日派	代表厂家:三菱公司、欧姆龙公司、松下公司、
结构	整体式	具有结构紧凑、体积小、价格低的优势,适合常规电气控制
	模块式	是把 CPU、输入接口、输出接口等做成独立的单元模块,具有配置灵活、组装方便的优势,适合输入/输出点数差异较大或有特殊功能要求的控制系统
I/O 总数	小型机	I/O 点数小于 128 点为小型机
	中型机	I/O 点数在 129～512 点为中型机
	大型机	I/O 点数在 512 点以上为大型机

表 3-1-2 PLC 特点

1	可靠性高,抗干扰能力强
2	硬件配套齐全,功能完善,适用性强
3	易学易用,深受工程技术人员欢迎
4	系统的设计、安装、调试工作量小,维护方便,容易改造
5	体积小,重量轻,能耗低

二、硬件结构

PLC 主要由 CPU、存储器、I/O 接口、通信接口和电源等几部分组成,如图 3-1-1 所示。PLC 的主板如图 3-1-2 所示,各部分的作用见表 3-1-3。

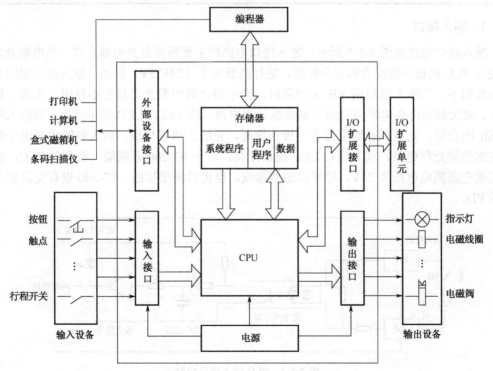

图 3-1-1 PLC 的硬件系统结构图

图 3-1-2　PLC 的主板

表 3-1-3　PLC 各部分的作用

部 件 名 称	作　　　　　用
CPU	PLC 的逻辑运算和控制中心，协调系统工作
存储器	存储器 ROM 中固化着系统程序，不可以修改。存储器 RAM 中存放用户程序和工作数据，在 PLC 断电时由锂电池供电。现多采用 Flash 存储器，不需要锂电池
电源	将外部电源转换为 PLC 内部器件使用的各种电压（通常是 5V、24VDC）
通信接口	通信接口是 PLC 与外界进行交换信息和写入程序的通道，S7-200 系列 PLC 的通信接口类型是 RS-485
输入接口	用来完成输入信号的引入、滤波及电平转换
输出接口	用来输出系统发出的指令信号，可以直接驱动负载

1. 输入接口

输入接口电路如图 3-1-3 所示。输入接口电路的主要器件是光电耦合器。光电耦合器可以提高 PLC 的抗干扰能力和安全性能，进行高低电平（24V/5V）转换。输入接口电路的工作原理如下：当输入端按钮 SB 未闭合时，光电耦合器中发光二极管不导通，光敏三极管截止，放大器输出高电平信号到内部数据处理电路，输入端口 LED 指示灯灭；当输入端按钮 SB 闭合时，光电耦合器中发光二极管导通，光敏三极管导通，放大器输出低电平信号到内部数据处理电路，输入端口 LED 指示灯亮。对于 S7-200 直流输入系列的 PLC，输入端直流电源额定电压为 24V，即可以源型接线，也可以漏型接线。S7-200 也有交流输入系列的 PLC。

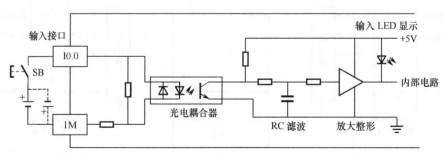

图 3-1-3　PLC 输入接口电路

2. 输出接口

PLC 的输出接口有三种形式：继电器输出、晶体管输出和晶闸管输出，如图 3-1-4 所示。

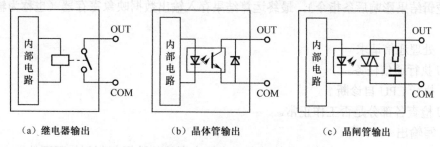

（a）继电器输出　　　（b）晶体管输出　　　（c）晶闸管输出

图 3-1-4　PLC 输出接口

（1）继电器输出。继电器输出可以接交、直流负载，但受继电器触点开关速度低的限制，只能满足一般的低速控制需要。为了延长继电器触头寿命，在外部电路中对直流感性负载应并联反偏二极管，对交流感性负载应并联 RC 高压吸收元件。

（2）晶体管输出。晶体管输出只能接直流负载，开关速度高，适合高速控制的场合，如数码显示、输出脉冲信号控制步进电动机和模数转换等。其输出端内部已并联反偏二极管。

（3）晶闸管输出。晶闸管输出只能接交流负载，开关速度较高，适合高速控制的场合。其输出端内部已并联 RC 高压吸收元件。

三、工作方式

当 PLC 的方式开关置于"RUN"位置时，PLC 即进入程序运转状态。在程序运转状态下，PLC 工作于独特的周期性循环扫描工作方式。每一个扫描周期分为读输入、执行程序、处理通信请求、执行 CPU 自诊断和写输出 5 个阶段，如图 3-1-5 所示。

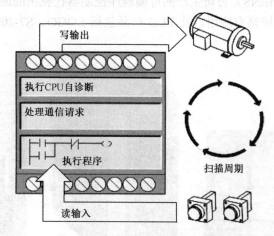

图 3-1-5　PLC 循环扫描工作方式

（1）读输入

在读输入阶段，PLC 的 CPU 将每个输入端口的状态复制到输入数据映象寄存器（也称为输入继电器）中。

（2）执行程序

在执行程序阶段，CPU 逐条顺序地扫描用户程序，同时进行逻辑运算和处理（即前条指令的逻辑结果影响后条指令），最终运算结果存入输出数据映象寄存器（也称为输出继电器）中。

（3）处理通信请求

CPU 执行通信任务。

（4）执行 CPU 自诊断

CPU 检查各部分是否工作正常。

（5）写输出

在写输出阶段，CPU 将输出数据映象寄存器中存储的数据复制到物理硬件继电器。

在非读输入阶段，即使输入状态发生变化，程序也不读入新的输入数据，这种方式是为了增强 PLC 的抗干扰能力和程序执行的可靠性。

PLC 扫描周期的时间与 PLC 的类型和程序指令语句的长短有关，通常 1 个扫描周期为几毫秒至几十毫秒，超过设定时间时程序将报警。由于 PLC 的扫描周期很短，所以从操作上感觉不出来 PLC 的延迟。

PLC 循环扫描工作方式与继电器并联工作方式有本质的不同。在继电器并联工作方式下，当控制线路通电时，所有的负载（继电器线圈）可以同时通电，即与负载在控制线路中的位置无关。

PLC 属于逐条读取指令、逐条执行指令的顺序扫描工作方式，先被扫描的软继电器先动作，并且影响后被扫描的软继电器，即与软继电器在程序中的位置有关。在编程时掌握和利用这个特点，可以较好地处理软件联锁关系。

四、S7-200 的介绍

德国西门子（SIEMENS）公司生产的可编程序控制器在我国的应用相当广泛，在冶金、化工、印刷生产线等领域都有应用。其 PLC 产品包括 LOGO、S7-200、S7-300、S7-400 系列，如图 3-1-6 所示。

（a）S7-200 系列　　　　（b）S7-300 系列　　　　（c）S7-400 系列

图 3-1-6　西门子 PLC

S7-200 PLC 是超小型化的 PLC，它体积小、速度快、标准化，具有网络通信能力，功能强，可靠性高，适用于各行各业、各种场合中的自动检测、监测及控制等。S7-200 PLC 的强大功能使其无论单机运行，或连成网络都能实现复杂的控制功能。

1. S7-200 的外形结构

目前，S7-200 系列 PLC 主要有 CPU221、CPU222、CPU224 和 CPU226 四种 CPU 单元。其外部结构大体相同，如图 3-1-7 所示。

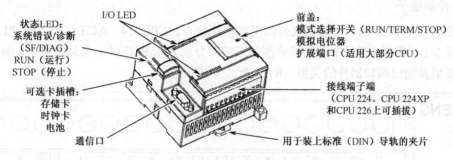

图 3-1-7　S7-200 系列 CPU 单元的结构

（1）状态指示灯 LED：显示 CPU 所处的状态（系统错误/诊断、运行、停止）。

（2）可选卡插槽：可以插入存储卡、时钟卡和电池。

（3）通信口：RS-485 总线接口，可通过它与其他设备连接通信。

（4）前盖：前盖下面有模式选择开关（运行/终端/停止）、模拟电位器和扩展端口。模式选择开关拨到运行（RUN）位置，则程序处于运行状态；拨到终端（TEMR）位置，可以通过编程软件控制 PLC 的工作状态；拨到停止（STOP）位置，则程序停止运行，处于写入程序状态。模拟电位器可以设置 0～255 之间的值。扩展端口用于连接扩展模块，实现 I/O 的扩展。

（5）顶部端子盖下边为输出端子和 PLC 供电电源端子。输出端子的运行状态可以由顶部端子盖下方一排指示灯显示，ON 状态对应指示灯亮。底部端子盖下边为输入端子和传感器电源端子。输入端子的运行状态可以由底部端子盖上方一排指示灯显示，ON 状态对应指示灯亮。

2. 主要指标

PLC 的技术性能指标反映出其技术先进程度和性能，是用户设计应用系统时选择 PLC 主机和相关设备的主要参考依据。S7-200 系列各主机的主要技术性能指标见表 3-1-4。

表 3-1-4　S7-200 系列各主机的主要技术性能指标

CPU 基本特点

CPU	类型	电源电压	输入电压	输出电压	输出电流
CPU 221	DC 输出　DC 输入	24V DC	24V DC	24V DC	0.75A，晶体管
	继电器输出 DC 输入	85～264V AC	24V DC	24V DC 24～230V AC	2A，继电器
CPU 222	DC 输出	24V DC	24V DC	24V DC	0.75A，晶体管
CPU 224 CPU 226	继电器输出	85～264V AC	24V DC	24VDC 24～230V AC	2A，继电器

主机及 I/O 特性

型号	主机输出类型	主机输入点数	主机输出点数	可扩展模块数
CPU 221	DC/继电器	6	4	无
CPU 222	DC/继电器	8	6	2
CPU 224	DC/继电器	14	10	7
CPU 226	DC/继电器	24	16	7

3. 外部端子

外部端子是 PLC 输入、输出及外部电源的连接点。CPU224 AC/DC/RLY 型 PLC 外部端子如图 3-1-8 所示。型号中用斜线分割的三部分分别表示 PLC 供电电源的类型、输入端口的电源类型及输出端口器件的类型，RLY 表示为继电器。

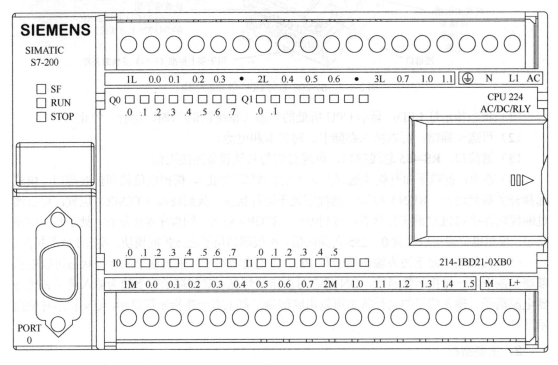

图 3-1-8 CPU224 AC/DC/RLY 端子图

（1）底部端子（输入端子及传感器电源）

L+：24VDC 电源正极。为外部传感器或输入继电器供电。

M：24VDC 电源负极。接外部传感器负极或输入继电器公共端。

1M、2M：输入继电器的公共端口。

I0.0～I1.5：输入继电器端子，输入信号的接入端。输入继电器用"I"表示，S7-200 系列 PLC 共 128 位，采用 8 进制（I0.0～I0.7，…，I15.0～I15.7）。

（2）顶部端子（输出端子及供电电源）

交流电源供电 AC：L1、N、⏚分别表示电源相线、中线和接地线。

直流电源供电 DC：L+、M、⏚分别表示电源正极、电源负极和地。

1L、2L、3L：输出继电器的公共端口，接输出端所使用的电源。输出各组之间是互相独立的，这样负载可以使用多个电压系列（如 AC220V、DC24V 等）。

Q0.0～Q1.1：输出继电器端子，负载接在该端子与输出端电源之间。输出继电器用"Q"表示，S7-200 系列 PLC 共 128 位，采用 8 进制（Q0.0～Q0.7，…，Q15.0～Q15.7）。

五、PLC 的安装

1. 安装方式

直接安装：安装固定螺孔，便于用螺钉将模块安装在柜板上。模块装在 CPU 右边，相互之间用总线连接电缆连接，适合在剧烈震动的情况下使用。

标准导轨安装：在标准导轨上安装模块卡，装在紧挨 CPU 右侧的导轨上，通过总线连接电缆与 CPU 连接，如图 3-1-9 所示。

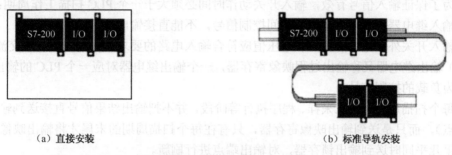

（a）直接安装　　　　　　　　　　　　　　（b）标准导轨安装

图 3-1-9　PLC 的安装方式

2. 安装环境

PLC 适用于工业现场，为了保证其工作的可靠性，延长 PLC 的使用寿命，安装时要注意周围环境条件：环境温度在 0～55℃范围内；相对湿度在 35%～85%范围内（无结霜）；周围无易燃或腐蚀性气体、过量的灰尘和金属颗粒；避免过度的震动和冲击；避免太阳光的直射和水的溅射。

六、内部资源

PLC 通过程序的运行实施控制的过程，其实质就是对存储器中数据进行操作或处理的过程，根据使用功能的不同，把存储器分为若干个区域和种类，这些由用户使用的每一个内部存储单元统称为软元件。各元件有其不同的功能，有固定的地址。软元件的数量决定了可编程控制器的规模和数据处理能力，每一种 PLC 的软元件是有限的。

为了理解方便，把 PLC 内部许多位地址空间的软元件定义为内部继电器。但要注意把这种继电器与传统电气控制电路中的继电器区别开来，这些软继电器的最大特点就是其线圈通断的实质就是其对应存储器位的置位与复位，在电路（梯形图）中使用其触点实质就是对其所对应的存储器位的读操作，因此其触点可以无限次地使用。

编程时，用户只需要记住软元件的地址即可。每一个软元件都有一个地址与之一一对应，地址编排采用区域号加区域内编号的方式。即 PLC 内部根据软元件的功能不同，分成了许多区域，如输入/输出继电器、辅助继电器、定时器区、计数器区、顺序控制继电器、特殊标志继电器区等，分别用 I、Q、M、T、C、S、SM 来表示。

（1）输入继电器又称输入过程映象寄存器，一个输入继电器对应一个 PLC 的输入端子，用于接收外部开关信号的控制。在 PLC 每个扫描周期的开始，PLC 对各个输入端子点进行采样，并把采样值送到输入映像寄存器。PLC 在接下来的本周期各阶段不再改变输入映像寄存器中的值，直到下一个扫描周期的输入采样阶段。

输入继电器可以按位来读取数据，其直接寻址的地址格式为：

I [字节地址].[位地址]，如 I1.0（第 1 个字节第 0 位）。

输入继电器也可以按字节、字或双字来读取数据（一次读取 8 位、16 位或 32 位），其直接寻址地址格式为：

I [长度 B/W/D][起始字节地址]，如 IB1（第 1 个字节）、IW1（第 1 个字）

在编程时应注意：

①输入继电器只能由输入端子接收外部信号控制，不能由程序控制；

②为了保证输入信号有效，输入开关动作时间必须大于一个 PLC 扫描工作周期；

③输入继电器软触点只能作为中间控制信号，不能直接输出给负载；

④输入开关外接电源的极性和电压值应符合输入电路的要求，如直流输入、交流输入。

（2）输出继电器又称输出过程映象寄存器，一个输出继电器对应一个 PLC 的输出端子，可以作为负载的控制信号。

在每个扫描周期的输入采样、程序执行等阶段，并不把输出结果信号直接送到输出锁存器（端点），而只是送到输出映像寄存器，只有在每个扫描周期的末尾才将输出映像寄存器中的结果几乎同时送到输出锁存器，对输出端点进行刷新。

输出继电器可以按位来写入数据，如 Q1.1；也可以按字节、字或双字来写入数据，如 QB1。

在编程时应注意：

①输出端点只能由程序写入输出继电器控制。

②输出继电器触点不仅可以直接控制负载，同时也可以作为中间控制信号，供编程使用。

③输出外接电源的极性和电压值应符合输出电路的要求，输出继电器的执行部件有继电器、晶体管和晶闸管 3 种形式。

④在继电器输出电路中，输出继电器（软触点）控制着 PLC 内部的一个实际的继电器，PLC 输出端输出的是这个实际继电器的触点开关状态。继电器输出起着 PLC 内部电路与负载供电电路电气隔离的作用，同时，负载所需的外接电源可使用直流或交流，其输出电流、电压值应满足输出触点的要求。

（3）通用辅助继电器如同电气控制系统中的中间继电器，在 PLC 中没有输入、输出端与之对应，因此通用辅助继电器的线圈不直接受输入信号的控制，其触点也不能直接驱动外部负载，所以，通用辅助继电器只能用于内部逻辑运算。通用辅助继电器用"M"表示，通用辅助继电器区属于位地址空间，范围为 M0.0～M31.7，可进行位、字节、字、双字操作。

（4）有些辅助继电器具有特殊功能或存储系统的状态变量、有关的控制参数和信息，我们称为特殊标志继电器。用户可以通过特殊标志来沟通 PLC 与被控对象之间的信息，如可以读取程序运行过程中的设备状态和运算结果信息，利用这些信息用程序实现一定的控制动作。用户也可通过直接设置某些特殊标志继电器位来使设备实现某种功能。特殊标志继电器用"SM"表示，特殊标志继电器区根据功能和性质不同具有位、字节、字和双字操作方式。其中，SMB0、SMB1 为系统状态字，只能读取其中的状态数据，不能改写，可以位寻址。

系统状态字中部分常用的标志位说明如下。

SM0.0：始终接通；

SM0.1：首次扫描为 1，以后为 0，常用来对程序进行初始化；

SM0.2：当机器执行数学运算的结果为负时，该位被置 1；

SM0.3：开机后进入 RUN 方式，该位被置 1 一个扫描周期；

SM0.4：该位提供一个周期为 1min 的时钟脉冲，30s 为 1，30s 为 0；

SM0.5：该位提供一个周期为 1min 的时钟脉冲，0.5s 为 1，0.5s 为 0；

SM0.6：该位为扫描时钟脉冲，本次扫描为 1，下次扫描为 0；

SM1.0：当执行某些指令，其结果为 0 时，将该位置 1；

SM1.1：当执行某些指令，其结果溢出或为非法数值时，将该位置 1；

SM1.2：当执行数学运算指令，其结果为负数时，将该位置 1；

SM1.3：试图除以 0 时，将该位置 1；

七、数据格式

S7-200 PLC 数据类型可以是整型、实型（浮点数）、布尔型或字符串型，常用的数据长度有位、字节、字和双字。

（1）位、字节、字和双字

位（bit）：数据类型为布尔（BOOL）型，有"0"和"1"两种不同的取值，可用来表示开关量（或称数字量）的两种不同状态，如触点的断开和接通、线圈的通电和断电等。如果该位为"1"，则表示梯形图中对应编程元件的线圈"通电"，称该编程元件为"1"状态，或称该编程元件 ON（接通）；如果该位为"0"，对应编程元件的线圈和触点的状态与上述的相反，称该编程元件为"0"状态，或称该编程元件 OFF（断开）。

字节（Byte）：由 8 位二进制数组成，其中的第 0 位为最低位（LSB），第 7 位为最高位（MSB）。

字（Word）：由字节组成，2 个字节组成 1 个字。

双字（Double Word）：由字组成，2 个字组成 1 个双字。

有符号数一般用二进制补码形式表示，其最高位为符号位，0 表示正数，1 表示负数，一个字（16 位）表示最大的正数为 16#7FFF（+32767）、最小的负数为 16#8000（-32768），其中，16#表示十六进制数。数据的位数和取值范围见表 3-1-5。

表 3-1-5　数据的位数和取值范围

数据位数	无符号数		有符号整数	
	十进制	十六进制	十进制	十六进制
B（字节），8 位值	0～255	0～FF	−128～127	80～7F
W（字），16 位值	0～6,5535	0～FFFF	−32768～+32767	8000～7FFF
D（双字），32 位值	0～4,294,967,295	0～FFFF FFFF	−2,147,483,648～-2,147,483,647	8000 0000～7FFF FFFF

（2）常数的表示方法

在许多指令中，都可以使用常数值。常数可以是字节、字或双字，S7-200 CPU 以二进制方式存储常数。常数也可以用十进制、十六进制、ASCII 码或浮点数形式来表示，表 3-1-6

是一般常数表示方法。

表 3-1-6　常数表示方法

常　　数	格　　式	举　　例
十进制常数	[十进制值]	20090709
十六进制常数	16#[十六进制值]	16#4E4F
二进制格式	2#[二进制值]	2#1011_0101
ASCII 码常数	'[ASCII 码文本]'	'Document'
实数或浮点数格式	ANSI/IEEE 754-1985	+1.175463E-20（正数）；−1.175463E-20（负数）
字符串	"[字符串文本]"	"It's OK!"

八、编程语言

编程就是用户根据控制对象的要求，利用 PLC 厂家提供的程序编制语言，将一个控制要求描述出来的过程。PLC 常用的编程语言有梯形图（LAD）、指令表（STL）、功能图块（FBD）、顺序功能图（SFC）及结构化文本（SCL）语言等。

1. 梯形图

梯形图是最常用的一种程序设计语言。它来源于继电器逻辑控制系统的描述。在工业过程控制领域，作为一线电气技术人员对继电器逻辑控制技术较为熟悉，因此，由这种逻辑控制技术发展而来的梯形图受到了欢迎，并得到了广泛应用。梯形图与操作原理图相对应，具有直观性和对应性。与原有的继电器逻辑控制技术的不同点是，梯形图中的能流不是实际意义的电流，内部的继电器也不是实际存在的继电器，因此应用时，需与原有继电器逻辑控制技术的有关概念区别对待。梯形图示例如图 3-1-10 所示。

2. 指令表

指令表是一种用指令助记符来编制 PLC 程序的语言。它类似于计算机的汇编语言，但比汇编语言易懂易学。若干条指令组成的程序就是指令语句表，一条指令语句由步序、指令语和作用器件编号三部分组成，如图 3-1-11 所示。

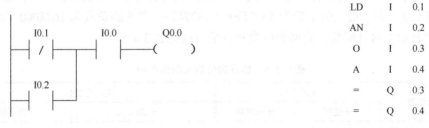

图 3-1-10　梯形图示例　　　　　图 3-1-11　指令表示例

3. 功能块图

功能块图使用类似于布尔代数的图形逻辑符号来表示控制逻辑。将一些复杂的功能用指令框表示，适合于有数字电路基础的编程人员使用。功能块图用类似于与门、或门的框图来表示逻辑运算关系，方框的左侧为逻辑运算的输入变量，右侧为输出变量，输入、输出端的小圆圈表示"非"运算，方框用"导线"连在一起，信号自左向右，如图 3-1-12 所示。

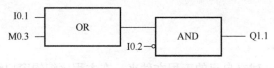

图 3-1-12　功能块图示例

任务实施

利用课余时间到电气市场调查。写一份欧派、美派、日派或国产不同流派的 PLC 调查报告，内容除了包括市场占有率、系列介绍、使用场合外，重点以西门子 200 系列的 PLC 为研究对象讲述其工作原理。调查表用 PPT 格式编写。老师主持调查报告会，要求在课堂上每组成员上台用 PPT 演示调查表内容，并解答同学及老师的疑问。

任务评价

通过以上的学习，利用课余时间完成调查报告，老师组织评价任务的质量，根据活动过程填写表 3-1-7。

表 3-1-7　评价表

评 价 项 目	内　　容	互 评
讲述	1. 评判组员是否真到市场调查过； 2. 能否正确现场讲解某型号 PLC 的硬件结构及参数； 3. 评价组员之间有无团结协作精神	
回答提问	1. PLC 最重要的工作特点是什么； 2. 不同类型 PLC 输出应用场合有什么不同； 3. 工程中，PLC 类型选择的原则是什么； 4. PLC 控制系统和继电器控制系统的优劣比较	
简单推销	老师提出控制要求，要组员用该品牌推荐一种类型并说出理由	
老师 评价		

任务 2　STEP 7 软件

任务呈现

目前全球有众多的 PLC 厂家，都有自己的产品及编程软件，即使同一个厂家的不同产品都需要不同的编程软件。编程软件可以将用户程序写入 PLC 的存储器中。不同品牌的 PLC 有不同的编程软件，每个品牌的 PLC 均有适合自己 PLC 的编程软件，并且不同品牌 PLC 之间的编程软件是不可以互用的。但熟悉了一个品牌的软件再学习其他公司的上手很容易。本任务要求应用 STEP 7 软件编写点动控制的程序任务。

任务要求

安装 STEP 7 软件，建立自己的工程文件夹，在主程序编辑窗口编写点动程序，要求为每个元件标注及注释，并保存文件。而后设置通信参数，连接外部线路、通信电缆，把程序下载到 PLC，运行并打开监控画面，监控程序运行过程。

知识准备

STEP 7 Micro/WIN 是西门子 S7-200 的编程软件，自从 1996 年发布 S7-200 以来经历了多个版本，现在最新的版本是 V4.0 SP9。西门子 2012 年发布了 S7-200 SMARTPLC，这款 PLC 是专门为中国开发的，采用单独的软件编程，此款软件是在 Micro/WIN 基础上升级来的，不需要授权，可以直接安装，软件大小 84.1M。此软件全面支持梯形图、语句表与功能图方式编程。

一、软件安装

（1）在 C 盘手动创建目录 C:\Program Files\Siemens\STEP 7-MicroWIN V4.0\bin。

（2）把 microwin.exe（老版本的执行文件，在压缩包的根目录下有这个文件）复制到 bin 目录下。

（3）安装 STEP 7-Micro/WIN V4.0 SP9。

（4）自动寻找安装路径（寻找时间较长），在系统找到我们手动建立的路径时，单击"确定"。

（5）系统提示卸载旧版（是我们在 bin 目录放置旧版 microwin.exe 的原因），进入 bin 目录，删除旧版 microwin.exe

（6）单击"确定"，直至重启。

（7）重新启动后，单击"V4.0 STEP7 MicroWINSP9"→"Tools（工具）"→"Option（选项）"→"General（常规）"→"Language 项目"，选择语言为"Chinese（中文）"后单击"OK"，提示"STEP7 MicroWIN will now eixt in order to change options（STEP7MicroWIN 现在将退出，以便改变选项）"，单击"确认"，再提示"Do you want to save the change to your project（你希望将改动存入项目吗？）"，单击"否"后退出，再单击"启动 V4.0 STEP7 MicroWIN SP9"，就是中文菜单了。

二、STEP 7 窗口组件

S7-200 的三种程序组织单位（POU）是指主程序、子程序和中断程序。STEP 7-Micro/WIN 为每个控制程序在程序编辑器窗口提供分开的制表符，主程序中第一个总是制表符，后面是子程序或中断程序。

一个项目（Project）包括的基本组件有程序块、数据块、系统块、符号表、状态图表、交叉引用表。程序块、数据块、系统块须下载到 PLC，而符号表、状态图表、交叉引用表不下载到 PLC。程序块由可执行代码和注释组成，可执行代码由一个主程序和可选子程序或中断程序组成。程序代码被编译并下载到 PLC，程序注释被忽略。

STEP 7-Micro/WIN 32 的主界面如图 3-2-1 所示。

主界面一般分为以下几个部分：菜单条、工具条、浏览条、指令树、用户窗口、输出窗口和状态条。除菜单条外，用户可以根据需要通过检视菜单和窗口菜单决定其他窗口的取舍和样式的设置。

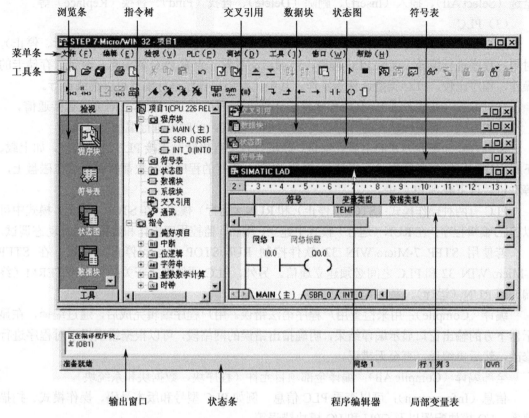

图 3-2-1 STEP 7-Micro/WIN 32 编程软件的主界面

1. 菜单条

菜单条包括文件、编辑、检视、PLC、调试、工具、窗口、帮助 8 个菜单项。各菜单项的功能如下：

（1）文件（File）

文件的操作有：新建（New）、打开（Open）、关闭（Close）、保存（Save）、另存（Save As）、导入（Import）、导出（Export）、上载（Upload）、下载（Download）、页面设置（Page Setup）、打印（Print）、预览、最近使用文件、退出。

导入：若从 STEP 7-Micro/WIN 32 编辑器之外导入程序，可使用"导入"命令导入 ASCII 文本文件。

导出：使用"导出"命令创建程序的 ASCII 文本文件，并导出至 STEP 7-Micro/WIN 32 外部的编辑器。

上载：在运行 STEP 7-Micro/WIN 32 的个人计算机和 PLC 之间建立通信后，从 PLC 将程序上载至运行 STEP 7-Micro/WIN 32 的个人计算机。

下载：在运行 STEP 7-Micro/WIN 32 的个人计算机和 PLC 之间建立通信后，将程序下载至该 PLC。下载之前，PLC 应位于"停止"模式。

（2）编辑（Edit）

编辑菜单提供程序的编辑工具：撤消（Undo）、剪切（Cut）、复制（Copy）、粘贴（Paste）、全选（Select All）、插入（Insert）、删除（Delete）、查找（Find）、替换（Replace）等。

（3）PLC

PLC 菜单用于与 PLC 联机时的操作。例如用软件改变 PLC 的运行方式（运行、停止），对用户程序进行编译，清除 PLC 程序，电源启动重置，查看 PLC 的信息、时钟、存储卡的操作，程序比较，PLC 类型选择等操作。其中，对用户程序进行编译可以离线进行。

联机方式（在线方式）：有编程软件的计算机与 PLC 连接，两者之间可以直接通信。

离线方式：有编程软件的计算机与 PLC 断开连接。此时可进行编程、编译。

联机方式和离线方式的主要区别是：联机方式可直接针对连接 PLC 进行操作，如上载、下载用户程序等。离线方式不直接与 PLC 联系，所有的程序和参数都暂时存放在磁盘上，等联机后再下载到 PLC 中。

PLC 有两种操作模式：STOP（停止）和 RUN（运行）模式。在 STOP（停止）模式中可以建立/编辑程序；在 RUN（运行）模式中建立、编辑、监控程序操作和数据，进行动态调试。

若使用 STEP 7-Micro/WIN 32 软件控制 RUN/STOP（运行/停止）模式，在 STEP 7-Micro/WIN 32 和 PLC 之间必须建立通信。另外，PLC 硬件模式开关必须设为 TERM（终端）或 RUN（运行）。

编译（Compile）：用来检查用户程序语法错误。用户程序编辑完成后，通过编译，在显示器下方的输出窗口显示编译结果，明确指出错误的网络段，可以根据错误提示对程序进行修改，然后再编译，直至无错误。

全部编译（Compile All）：编译全部项目元件（程序块、数据块和系统块）。

信息（Information）：可以查看 PLC 信息，例如 PLC 型号和版本号码、操作模式、扫描速率、I/O 模块配置以及 CPU 和 I/O 模块错误等。

2. 工具条

（1）标准工具条，如图 3-2-2 所示。

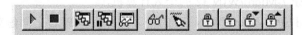

图 3-2-2 标准工具条

各快捷按钮从左到右分别为：新建项目、打开现有项目、保存当前项目、打印、打印预览、剪切选项并复制至剪贴板、将选项复制至剪贴板、在光标位置粘贴剪贴板内容、撤消最后一个条目、编译程序块或数据块（任意一个现用窗口）、全部编译（程序块、数据块和系统块）、将项目从 PLC 上载至 STEP 7-Micro/WIN 32、从 STEP 7-Micro/WIN 32 下载至 PLC、符号表名称列按照 A～Z 从小至大排序、符号表名称列按照 Z～A 从大至小排序、选项（配置程序编辑器窗口）。

（2）调试工具条，如图 3-2-3 所示。

图 3-2-3 调试工具条

各快捷按钮从左到右分别为：将 PLC 设为运行模式、将 PLC 设为停止模式、在程序状态打开/关闭之间切换、在触发暂停打开/停止之间切换（只用于语句表）、在图状态打开/关闭之间切换、状态图表单次读取、状态图表全部写入、强制 PLC 数据、取消强制 PLC 数据、状态图表全部取消强制、状态图表全部读取强制数值。

（3）公用工具条，如图 3-2-4 所示。

图 3-2-4　公用工具条

公用工具条主要快捷按钮从左到右分别介绍如下。

插入网络：单击该按钮，在 LAD 或 FBD 程序中插入一个空网络。

删除网络：单击该按钮，删除 LAD 或 FBD 程序中的整个网络。

POU 注解：单击该按钮在 POU 注解打开（可视）或关闭（隐藏）之间切换。每个 POU 注解可允许使用的最大字符数为 4 096。可视时，始终位于 POU 顶端，在第一个网络之前显示。

网络注解：单击该按钮，在光标所在的网络标号下方出现的灰色方框中输入网络注解。再单击该按钮，网络注解关闭，如图 3-2-5 所示。

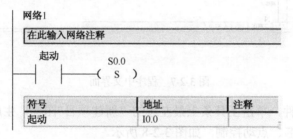

图 3-2-5　网络注解

（4）LAD 指令工具条，如图 3-2-6 所示。

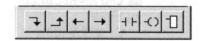

图 3-2-6　LAD 指令工具条

从左到右分别为：插入向下直线、插入向上直线、插入左行、插入右行、插入接点、插入线圈、插入指令盒。

3．浏览条（Navigation Bar）

浏览条为编程提供按钮控制，可以实现窗口的快速切换，即对编程工具执行直接按钮存取，包括程序块（Program Block）、符号表（Symbol Table）、状态图表（Status Chart）、数据块（Data Block）、系统块（System Block）、交叉引用（Cross Reference）和通信（Communication）。单击上述任意按钮，则主窗口切换成此按钮对应的窗口。

4．指令树（Instuction Tree）

指令树以树型结构提供编程时用到的所有快捷操作命令和 PLC 指令，可分为项目分支和指令分支。

任务实施

（1）首先安装 STEP 7-Micro/WIN 32 4.0 软件。要求：转换成中文界面，如图 3-2-7 所示。

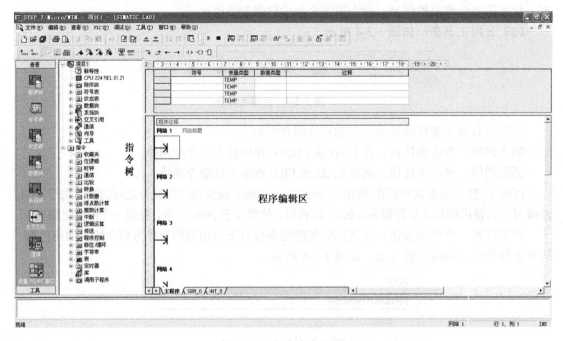

图 3-2-7　程序中文界面

（2）打开编程软件，单击工具条上最左边的"新建项目"图标，生成一个新项目。项目名称要求：班级、姓名、点动控制，如图 3-2-8 所示。

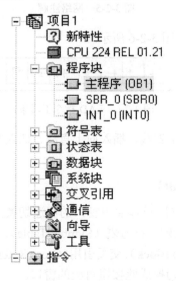

图 3-2-8　新建项目

（3）执行菜单命令"PLC"→"类型"，设置 PLC 的型号和通信参数。要求：建立 PLC和计算机的通信连接，如图 3-2-9 所示。

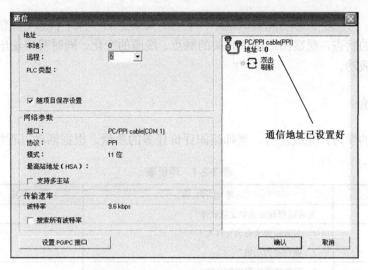

图 3-2-9　PLC 和计算机的通信连接

（4）执行菜单命令"工具"→"选项"，在"一般"对话框的"一般"选项卡中，选择 SIMATIC 指令集和"国际"助记符集。要求：将梯形图编辑器设置为默认的程序编辑器。

编程过程中必须完成的练习项目：

①单击"查看"菜单选择梯形图语言，在主程序 OB1 中输入自己编写的程序；

②单击工具条中的"编译"或"全部编译"按钮，编译刚才输入的程序，观察状态栏中所显示的错误信息。如果显示"0 错误"，说明程序无误，编译成功；否则需要改正程序中的错误，然后重新编译。直至编译成功并保存。

（5）下载程序与调试程序。计算机与 PLC 建立连接后，将 CPU 模块上的模式开关置于"RUN"，单击工具条中的"下载"按钮，在下载对话框中单击"选项"按钮，选择要下载的块，一般只需要下载程序块，如图 3-2-10 所示。单击"下载"按钮，开始下载。下载成功后，单击工具栏中的"运行"按钮，"RUN" LED 亮，用户程序开始运行。

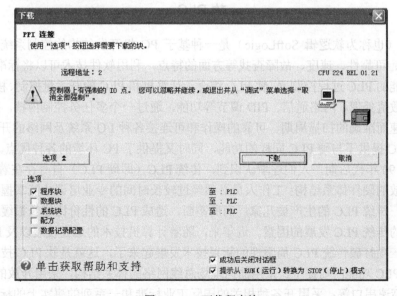

图 3-2-10　下载程序块

（6）调试：用程序状态功能调试程序。单击工具条上的"程序状态"按钮，用外接的按钮改变输入点的状态，观察梯形图中有关的触点、线圈的变化，同时观察输出指示灯有没有亮，直至调试成功。

任务评价

通过以上的学习，完成任务，老师组织评价任务的质量，根据活动过程填写表 3-2-1。

表 3-2-1　评价表

考核项目	考核内容	互　评
软件安装	是否能顺利安装中文版软件？	
文件夹	1. 是否按要求命名文件夹？ 2. 路径是否正确？	
编程	1. 程序能否实现控制功能？ 2. 元件有没有详细标注？ 3. 有没有完成练习项目？	
参数设置	1. PLC 型号有没有设置对？ 2. 通信参数有没有设置好？	
调试	1. 能否实现现场监控状态？ 2. 是否实现功能要求？	
职业素养	1. 有没有安全用电？ 2. 有没有团队协作精神？	
老　师 评　价		

阅读材料

软 PLC

软 PLC（也称为软逻辑 SoftLogic）是一种基于 PC 机开发结构的控制系统，它具有硬 PLC 在功能、可靠性、速度、故障查找等方面的特点，利用软件技术可以将标准的工业 PC 转换成全功能的 PLC 过程控制器。软 PLC 综合了计算机和 PLC 的开关量控制、模拟量控制、数学运算、数值处理、网络通信、PID 调节等功能，通过一个多任务控制内核，提供强大的指令集、快速而准确的扫描周期、可靠的操作和可连接各种 I/O 系统及网络的开放式结构。所以，软 PLC 提供了与硬 PLC 同样的功能，同时又提供了 PC 环境的各种优点。

20 世纪 90 年代后期，人们逐渐认识到，传统 PLC（即硬 PLC）自身存在着很多缺点：难以构建开放的硬件体系结构；工作人员必须经过较长时间的专业培训才能掌握某一种产品的编程方法；传统 PLC 的生产被几家厂商所垄断，造成 PLC 的性价比增长很缓慢。这些问题都成了制约传统 PLC 发展的因素。近年来，随着计算机技术的迅猛发展以及 PLC 国际标准的制定，一项打破传统 PLC 局限性的新兴技术发展起来了，这就是软 PLC 技术。其特征是：在保留 PLC 功能的前提下，采用面向现场总线网络的体系结构，采用开放的通信接口，如以太网、高速串口等；采用开各种相关的国际工业标准和一系列的事实上的标准；全部用软件来实现传统 PLC 的功能。

软 PLC 的技术实现：①在 PC 机上安装专用程序，使 PC 机可用做可编程控制器。②将软 PLC 做成一块插板，安装在 PC 机的 PCI 总线插槽上。软 PLC 解决了传统 PLC 兼容性差、通用性差等问题，具有多方面的优势。软 PLC 的硬件体系结构不再封闭，用户可以自己选择合适的硬件组成满足要求的软 PLC。传统 PLC 的指令集是固定的，而实际工业应用中可能需要定义算法。软 PLC 指令集可以更加丰富，用户可以使用符合标准的操作指令。PC 机厂家的激烈竞争使得基于 PC 机的软 PLC 的性价比得以提高。传统 PLC 限制在几家厂商生产，具有私有性，因此很难适应现有标准计算机网络，常常是 PLC 与计算机处在不同类型的网络中。软 PLC 不仅能加入到已存在的私有 PLC 网络中，而且可以加入到标准计算机网络中。这使得现有计算机网络的很多研究成果很容易地应用到 PLC 控制技术中。软 PLC 的技术是基于 IEC 61131-3 标准的，因此在掌握标准语言后开发比较容易。

软 PLC 技术相对于传统 PLC，以其开放性、灵活性和较低的价格占有很大优势。它简化了工厂自动化的体系结构，把控制、通信、人机界面及各种特定的应用全都合为一体，运用于同一个硬件平台上。软 PLC 技术也存在着一些问题：由于软 PLC 的运行环境是 Windows 操作系统，所以实时性不强；定时器最大存在一个扫描周期的误差；扫描周期较长等。但是，这些问题可以通过改变运行环境、改进执行算法等方法加以解决。只要它们能实现控制的时间确定性，即保证能以时间高度一致的方式执行控制指令序列，并具有可预测的结果或行为。软 PLC 在未来的工业电气控制中定会占据重要的席位，成为现场总线技术之后发展的新亮点。

项目总结

本项目以西门子 S7-200 系列 PLC 为对象，介绍了其主要特点、技术指标、工作原理。其中，PLC 技术指标是衡量各种不同型号 PLC 产品性能的依据，也是选择和使用 PLC 的依据，但选用时要分析实际工程所需的类型，而不是追求高大上，避免资源浪费。虽然市场上有几百种 PLC 品牌，但基本原理都是一样的，关键是要理解 PLC 的循环扫描的工作方式，今后编程时出现的许多问题其实都可以从它的工作方式中找到答案。

课后练习

1. 现在有一批设备要求用国产的 PLC 品牌，输入点大概 33 个，输出点 10 个，输出信号有高速脉冲，请你选择相应的 PLC 型号，写出型号选择的理由。

2. 输入继电器触点可以直接驱动负载吗？输出继电器触点可以作为中间触点吗？

3. 为什么通常 PLC 的输入接口电路采用光电耦合隔离方式？

4. STEP 7-Micro/WIN 32 编程软件无法与 PLC 通信，可能是什么原因？

项目 4 基本指令应用

项目描述

编程元件是 PLC 的重要元素，是各种指令的操作对象。基本指令是 PLC 中应用最频繁的指令，是程序设计的基础。基本指令构成的程序梯形图类似继电器控制系统的电气原理图，熟悉电气控制线路的人员比较容易理解和掌握程序梯形图。

本项目通过完成卷扬机、皮带运输机、密码锁及锅炉硬件、软件的设计来了解、掌握基本指令。它们也是用 PLC 对继电器控制系统经典设备进行改造的案例。

任务 1 卷扬机

任务呈现

卷扬机（又叫绞车）是由人力或机械动力驱动卷筒、卷绕绳索来完成牵引工作的装置。可以垂直提升、水平或倾斜拽引重物。电动卷扬机是常见建筑设备，现在建筑工程上基本以电动卷扬机为主。电动卷扬机大体由三相异步电动机、联轴节、齿轮箱和卷筒组成，同时配一台断电制动型电磁制动器进行制动，如图 4-1-1 所示。它安装在机架上，有利于起升高度和装卸量大、工作频繁的情况，调速性能好，用途广泛。以前卷扬机基本是用继电器控制系统，随着 PLC 的价格及优点用它来做为作为卷扬机控制系统越来越普遍了。现用 PLC 作为控制系统来实现卷扬机的功能。

图 4-1-1 电动卷扬机

控制要求：能够控制电动机正转时上升或反转时下降，当按下停止按钮时能让电动机停止，软件及硬件具有防止相间短路的措施，有必要的过载保护及电气联锁保护。

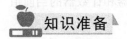 知识准备

一、基本元件

1. ┤├ ┤ ┤ 触点代表输入条件如外部开关，按钮及内部条件等。CPU 运行扫描到触点符号时，到触点位指定的存储器位访问（即 CPU 对存储器的读操作）。计算机读操作的次数不受限制，用户程序中，触点可以使用无数次。该位数据（状态）为 1 时，表示"能流"能通过。该位数据（状态）为 0 时，表示"能流"不能通过。

触点又分常开触点和常闭触点两种形式。常闭触头做为外部开关或按钮时注意它的取非功能。即：如果外部输入信号是闭合（即高电平或 1），而 CPU 在执行程序时则判断其为断开（即低电平或 0），也就是能流不能通过。

2. （ ）线圈可以表示输出继电器或辅助继电器。输出继电器（Q）表示输出结果，通过输出接口电路来控制外部的指示灯、接触器等及内部的输出条件等。线圈左侧接点组成的逻辑运算结果为 1 时，"能流"可以达到线圈，使线圈得电动作，CPU 将线圈的位地址指定的存储器的位置位为 1，逻辑运算结果为 0，线圈不通电，存储器的位置 0。即线圈代表 CPU 对存储器的写操作。PLC 采用循环扫描的工作方式，所以在用户程序中，每个线圈只能使用一次。辅助继电器（M）如同电器控制系统中的中间继电器，在 PLC 中没有输入输出端与之对应，用于内部逻辑运算。

梯形图中编程元件的种类用图形符号及标注的字母或数加以区别。触点和线圈等组成的独立电路称为网络，电源从左边的电源杆流过（在 LAD 编辑器中由窗口左边的一条垂直线代表）闭合触点，为线圈充电。

二、位操作指令

1. 置位指令 S、复位指令 R

置位指令 S、复位指令 R 的梯形图符号、逻辑功能等指令属性如表 4-1-1 所示。

表 4-1-1 S、R 指令

指令名称	梯形图	逻辑功能	操作数
置位指令 S	bit （S） N	从 bit 开始的 N 个元件置 1 并保持	Q、M、SM、T、C、V、S、L
复位指令 R	bit （R） N	从 bit 开始的 N 个元件置 0 并保持	

使用说明：

（1）操作数 bit 为：I，Q，M，SM，T，C，V，S，L 。数据类型为：布尔。

（2）操作数 N 为：VB，IB，QB，MB，SMB，SB，LB，AC，常量，*VD，*AC，*LD。

取值范围为：0～255。数据类型为：字节。

（3）被 S 指令置位的软元件只能用 R 指令才能复位。复位指令的优先权高于置位指令。

（4）复位指令不但复位定时器位（T）和计数器位（C），也对定时器和计数器的当前值清零。

（5）对同一元件（同一寄存器的位）可以多次使用 S/R 指令。

（6）由于是扫描工作方式，当置位、复位指令同时有效时，写在后面的指令具有优先权。

（7）置位复位指令通常成对使用，也可以单独使用或与指令盒配合使用，如图 4-1-2 所示。

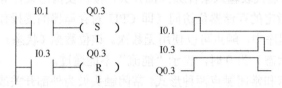

图 4-1-2　置位/复位指令应用

2．脉冲生成指令 EU、ED

EU 指令：在 EU 指令前的逻辑运算结果有一个上升沿时（由 OFF→ON）产生一个宽度为一个扫描周期的脉冲，驱动后面的输出线圈。

ED 指令：在 ED 指令前有一个下降沿时产生一个宽度为一个扫描周期的脉冲，驱动其后线圈。指令格式如表 4-1-2 所示，应用如图 4-1-3 所示。

表 4-1-2　EU/ED 指令格式

指令名称	梯形图
上升沿脉冲	─┤ P ├─
下降沿脉冲	─┤ N ├─

指令使用说明：

（1）EU、ED 指令只在输入信号变化时有效，其输出信号的脉冲宽度为一个机器扫描周期。

（2）对开机时就为接通状态的输入条件，EU 指令不执行。EU、ED 指令无操作数。

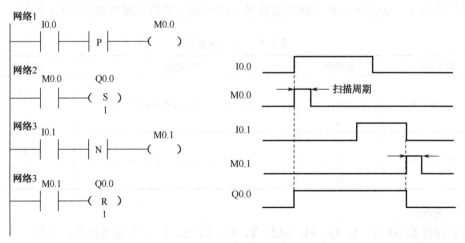

图 4-1-3　EU/ED 指令应用

分析如下：

I0.0 的上升沿，经触点（EU）产生一个扫描周期的时钟脉冲，驱动输出线圈 M0.0 导通一个扫描周期，M0.0 的常开触点闭合一个扫描周期，使输出线圈 Q0.0 置位为 1，并保持。

I0.1 的下降沿，经触点（ED）产生一个扫描周期的时钟脉冲，驱动输出线圈 M0.1 导通一个扫描周期，M0.1 的常开触点闭合一个扫描周期，使输出线圈 Q0.0 复位为 0，并保持。

三、应用举例

I/O 分配表：实际在编程时首先要清楚输入输出对应 PLC 中的地址，也就是将 PLC 设备的输入输出列个表出来，不但要有实际地址，还要有元件名称及功能，分配时要有一定的科学分类，不要盲目分配。例如：点动控制 I/O 分配表，见表 4-1-3。表中 I0.0 中 I 表示：输入，0.0 表示：地址。你可以将你的设备接到这个地址对应的插口上。

表 4-1-3　点动控制 I/O 分配表

编程元件	I/O 端子	电路器件	作用
输入	I0.0	SB1	启动
输出	Q0.0	KM0	接触器线圈

1. 启动、保持、停止电路

简称为"启保停"电路，也是经典电路，现用 PLC 控制来实现。首先写出 I/O 分配表，如表 4-1-4 所示。

表 4-1-4

编程元件	I/O 端子	电路器件	作用
输入	I0.0	SB1	启动
	I0.1	SB2	停止
输出	Q0.0	HL	负载

其梯形图如图 4-1-4 所示。

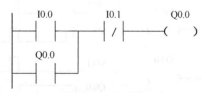

图 4-1-4　启-保-停控制梯形图

分析如下：在外部接线图中启动常开按钮 SB1 和 SB2 分别接在输入端 I0.0 和 I0.1，负载接在输出端 Q0.0。因此输入映像寄存器 I0.0 的状态与启动常开按钮 SB1 的状态相对应，输入映像寄存器 I0.1 的状态与停止常开按钮 SB2 的状态相对应。而程序运行结果写入输出映像寄存器 Q0.0，并通过输出电路控制负载。图中的启动信号 I0.0 和停止信号 I0.1 是由启动常开按钮和停止常开按钮提供的信号，持续 ON 的时间一般都很短，这种信号称为短信号。启保停电路最主要的特点是具有"记忆"功能，按下启动按钮，I0.0 的常开触点接通，如果这时未按停止按钮，I0.1 的常闭触点接通，Q0.0 的线圈"通电"，它的常开触点同时接通。

放开启动按钮，I0.0 的常开触点断开，"能流"经 Q0.0 的常开触点和 I0.1 的常闭触点流过 Q0.0 的线圈，Q0.0 仍为 ON，这就是所谓的"自锁"或"自保持"功能。按下停止按钮，I0.1 的常闭触点断开，使 Q0.0 的线圈断电，其常开触点断开，以后即使放开停止按钮，I0.1 的常闭触点恢复接通状态，Q0.0 的线圈仍然"断电"。

2. 互锁电路

互锁电路梯形图如图 4-1-5 所示。

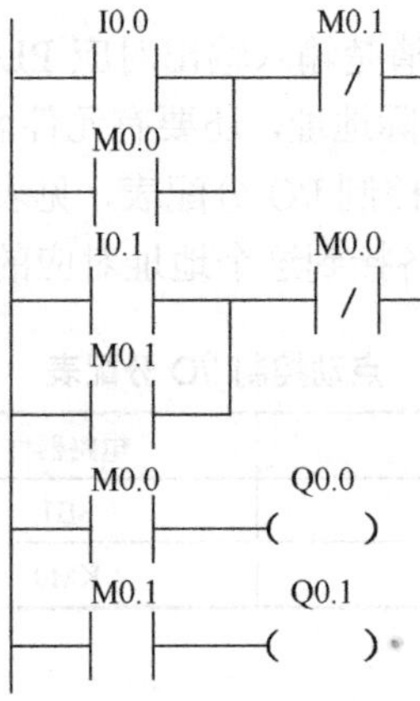

图 4-1-5　互锁电路梯形图

分析如下：输入信号 I0.0 和输入信号 I0.1，若 I0.0 先接通，M0.0 自保持，使 Q0.0 有输出，同时 M0.0 的常闭接点断开，即使 I0.1 再接通，也不能使 M0.1 动作，故 Q0.1 无输出。若 I0.1 先接通，则情形与前述相反。因此在控制环节中，该电路可实现信号互锁。

3. 分频电路

用 PLC 可以实现对输入信号的任意分频。图 4-1-6 是一个 2 分频电路。

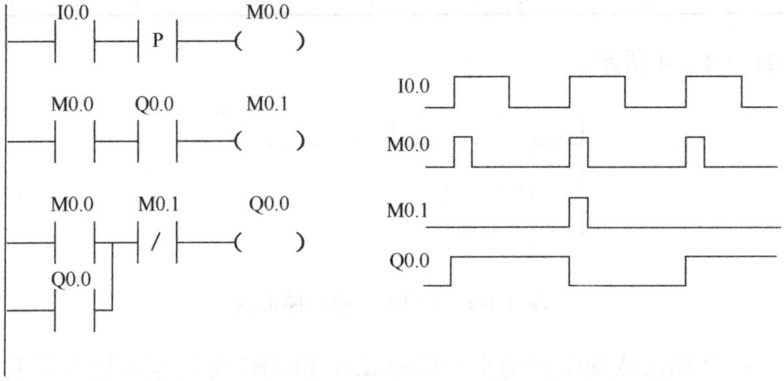

图 4-1-6　分频电路梯形图及时序图

分析如下：将脉冲信号加到 I0.0 端，在第一个脉冲的上升沿到来时，M0.0 产生一个扫描周期的单脉冲，使 M0.0 的常开触点闭合，由于 Q0.0 的常开触点断开，M0.1 线圈断开，其常闭触点 M0.1 闭合，Q0.0 的线圈接通并自保持；第二个脉冲上升沿到来时，M0.0 又产生一个扫描周期的单脉冲，M0.0 的常开触点又接通一个扫描周期，此时 Q0.0 的常开触点闭合，M0.1线圈通电，其常闭触点M0.1断开，Q0.0线圈断开；直至第三个脉冲到来时，M0.0又产生一个扫描周期的单脉冲，使M0.0的常开触点闭合，由于Q0.0的常开触点断开，M0.1线圈断开，其常闭触点M0.1闭合，Q0.0的线圈又接通并自保持。以后循环往复，不断重复上过程。由图4-1-9可见，输出信号Q0.0是输入信号I0.0的二分频。

4. 抢答器

控制要求：有3个抢答席和1个主持人席，每个抢答席上各有1个抢答按钮和一盏抢答指示灯。参赛者在允许抢答时，第一个按下抢答按钮的抢答席上的指示灯将会亮，且释放抢答按钮后，指示灯仍然亮；此后另外两个抢答席上即使在按各自的抢答按钮，其指示灯也不会亮。这样主持人就可以轻易地知道谁是第一个按下抢答器的。该题抢答结束后，主持人按下主持席上的复位按钮（常闭按钮），则指示灯熄灭，又可以进行下一题的抢答比赛。

首先写出I/O分配表，如表4-1-5所示。

表4-1-5　抢答器I/O分配表

编程元件	I/O 端子	电路器件	作用
输入	I0.0	SB0	主持席上的复位按钮
	I0.0	SB0	抢答席1上的抢答按钮
	I0.0	SB0	抢答席2上的抢答按钮
	I0.0	SB0	抢答席3上的抢答按钮
输出	Q0.1	HL1	抢答席1上的指示灯
	Q0.2	HL2	抢答席2上的指示灯
	Q0.3	HL3	抢答席3上的指示灯

抢答器的程序设计如图4-1-7所示。

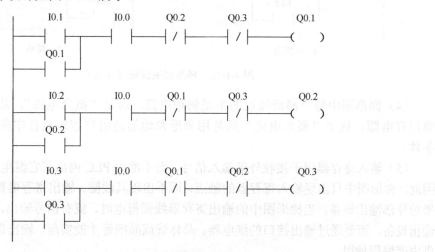

图4-1-7　抢答器梯形图

5. 梯形图编程规则

（1）梯形图按从左到右、自上而下地顺序排列。每一逻辑行（或称梯级）起始于左母线，然后是触点的串联、并联，不能将触点画在线圈的右边，最后是线圈，如图4-1-8所示。触点应画在水平线上，并且根据自左至右、自上而下的原则和对输出线圈的控制路径来画。

(a) 不正确　　　　　　　　　　　　　(b) 正确

图 4-1-8　梯形图编程规则（一）

（2）不包含触点的分支应放在垂直方向，以便于识别触点的组合和对输出线圈的控制路径。

（3）在有几个串联回路相并联时，应将触头多的那个串联回路放在梯形图的最上面，如图 4-1-9 所示。在有几个并联回路相串联时，应将触点最多的并联回路放在梯形图的最左面。这种安排，所编制的程序简洁明了，语句较少，如图 4-1-10 所示。

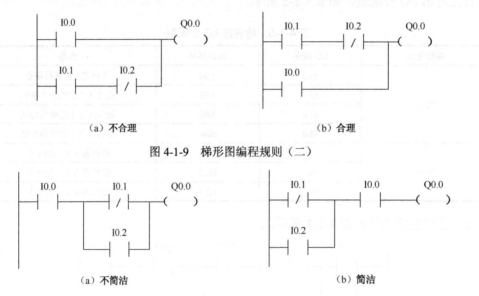

(a) 不合理　　　　　　　　　　　　　(b) 合理

图 4-1-9　梯形图编程规则（二）

(a) 不简洁　　　　　　　　　　　　　(b) 简洁

图 4-1-10　梯形图编程规则（三）

（4）梯形图中每个梯级流过的不是物理电流，而是"概念电流"，从左流向右，其两端没有电源。这个"概念电流"只是用来形象地描述用户程序执行中应满足线圈接通的条件。

（5）输入寄存器用于接收外部输入信号，而不能由 PLC 内部其它继电器的触点来驱动。因此，梯形图中只出现输入寄存器的触点，而不出现其线圈。输出寄存器则输出程序执行结果给外部输出设备，当梯形图中的输出寄存器线圈得电时，就有信号输出，但不是直接驱动输出设备，而要通过输出接口的继电器、晶体管或晶闸管才能实现。输出寄存器的触点也可供内部编程使用。

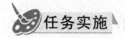任务实施

一、首先根据任务的控制要求，画出 I/O 分配表（表 4-1-6）

表 4-1-6　I/O 分配表

编程元件	I/O 端子	电路器件	作用
输入	I0.0	FR	过载
	I0.1	SB1	停止按钮
	I0.2	SB2	正转按钮
	I0.3	SQ2	反转按钮
输出	Q0.0	KM2	反转接触器
	Q0.1	KM1	正转接触器

二、硬件设计

1. 主电路设计

因为主电路采用 380V 供电，三相异步电动机如果选用 380V，0.4KW；1 个空气开关选用 380V，10A；3 个熔断器选用 380V，5A；2 个交流接触器 10A，线圈电压 220V；1 个带断相保护的热继电器选用 380V，0～6A 可调。此外该系统要求按钮和电气双重互锁的正反停电路。所以电动机在正反转切换时，为了防止因主电路电流过大，或接触器质量不好，某一接触器的主触点被断电时产生的电弧熔焊而被粘结，其线圈断电后主触点仍然是接通的，这时，如果另一接触器线圈通电，仍将造成三相电源短路事故。为了防止这种情况的出现，应在可编程控制器的外部设置由 KM1 和 KM2 的常闭触点组成的硬件互锁电路参见图 4-1-12，假设 KM1 的主触点被电弧熔焊，这时其辅助常闭触点处于断开状态，因此 KM2 线圈不可能得电。主电路图如图 4-1-11 所示。

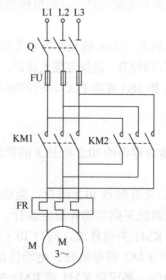

图 4-1-11　主电路图

2．控制电路设计

首先要根据 I/O 分配表中输入输出的点数选择 PLC。在选择 PLC 时，PLC 的输入输出点数要有一定的余量，输入端口的点数要大于 3 个；输出接口的点数要大于 2 个，由于输入接口接按钮和过载触头，输出接口接接触器和指示灯，都是开关量，所以选用继电器输出型；最终可以确定为西门子 S7-200 系列 PLC，CPU 为 224 足可以满足控制要求。其次选择控制回路的其他元件。控制回路 220V 供电，1 个熔断器选用 220V，2A；2 个接触器，线圈电压220V；3 个按钮均选用控制按钮≥24V，0.5A。图 4-1-12 为 PLC 外部接线图。

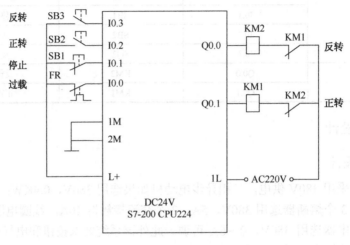

图 4-1-12　PLC 外部接线图

3．硬件安装与调试

（1）主电路安装调试。按 PLC 控制系统元件布局图和控制系统接线图安装元件，并按电气原理图连接主线路。连接完成后应仔细检查，确保连接无误后，合上空气开关 QF，按下 KM1 触点观察电动机是否正转，按下 KM2 触点观察电动机是否反转；导线检查中间有无接头、连线是否牢固可靠、两端有无接线鼻子；随机械部件一起运动的导线要采用拖链或蛇皮管进行保护。

（2）控制电路安装调试。按 PLC 控制系统元件布局图和接线图安装元件，并按电气原理图连接控制电路。连接完成后应仔细检查，确保连接无误后，将 PLC 模式选择开关拨到 STOP位置，加电，分别按下 SB0、SB1 和 SB3 观察 PLC 对应的输入指示灯 I0.1、I0.2、I0.3 是否亮。

三、软件设计

首先可以利用 PLC 输入映像寄存器的 I0.2 和 I0.3 的常闭接点，实现互锁，以防止正反转换接时的相间短路。

按下正向启动按钮 SB2 时，常开触点 I0.2 闭合，驱动线圈 Q0.0 并自锁，通过输出电路，接触器 KM1 得电吸合，电动机正向启动并稳定运行。按下反转启动按钮 SB3 时，常闭触点 I0.3 断开 Q0.0 的线圈，KM1 失电释放，同时 I0.3 的常开触点闭合接通 Q0.1 线圈并自锁，通过输出电路，接触器 KM2 得电吸合，电动机反向启动，并稳定运行。按下停止按钮 SB1，或过载保护 FR 动作，都可使 KM1 或 KM2 失电释放，电动机停止运行，如图 4-1-13 所示。

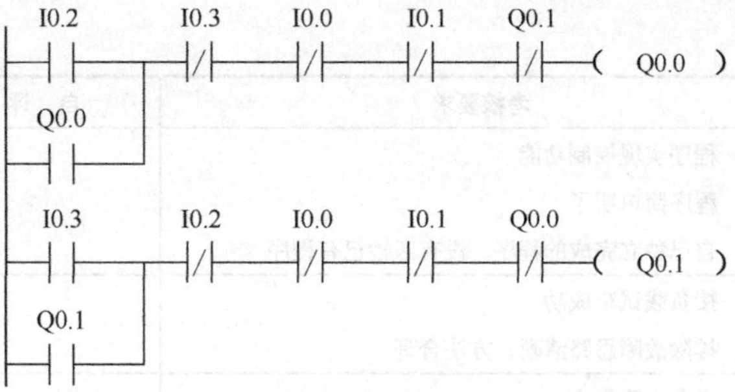

图 4-1-13 正/反转控制梯形图

四、调试步骤

（1）在断电状态下，连接好 PC/PPI 电缆。

（2）打开 PLC 的前盖，将运行模式选择开关拨到 STOP 位置，此时 PLC 处于停止状态，或者用鼠标单击工具条中的 STOP 按钮，可以进行程序编写。

（3）在作为编程器的 PC 上，运行 STEP 7 Micro/WIN32 编程软件。

（4）用菜单命令"文件→新建"，生成一个新项目。或者用菜单命令"文件→打开"，打开一个已有的项目。或者用菜单命令"文件→另存为"，可修改项目的名称。

（5）用菜单命令"PLC→类型"，设置 PLC 的型号。设置通信参数。编写控制程序。

（6）用鼠标单击工具条中的"编译"按钮或"全部编译"按钮，来编译输入的程序。

（7）下装程序文件到 PLC。将运行模式选择开关拨到 RUN 位置，或者用鼠标单击工具条的 RUN（运行）按钮，使 PLC 进入运行方式。

（8）按正转按钮 SB2，输出 Q0.0 接通，电动机正转。按停止按钮 SB1，输出 Q0.0 断开，电动机停转。按反转按钮 SB3，输出 Q0.1 接通，电动机反转。

（9）模拟电动机过载，将热继电器 FR 的触点断开，电动机停转。将热继电器的 FR 触点复位，在重复正反停的操作。

（10）运行调试过程中用状态图对元件的动作进行监控并记录。若出现问题，应分别检查梯形图和接线是否有误，改正后，重新调试，直至满足系统设计要求。

任务评价

通过以上的学习，根据实训过程填写评价表，完成后评价表。如表 4-1-7 所示。

表 4-1-7 评价表

考核项目	考核要求	自 评	互 评
电路设计	1. I/O 分配正确合理		
	2. 输入输出接线图正确		
	3. 联锁、保护电路完备		
安装工艺	1. 电气元件是否检查完好		
	2. 元件选择及布局合理		
	3. 接点牢固，接触良好		

续表

考核项目	考核要求	自　评	互　评
程序编写	1. 程序实现控制功能 2. 程序简单明了 3. 自己独立完成的程序，没有照抄已有程序		
调试	1. 接负载试车成功 2. 排除故障思路清晰、方法合理		
职业素养	1. 安全文明生产 2. 团队协作精神 3. 创新精神		
时间考核	在规定时间完成		
老师评语			

任务2　皮带运输机

 任务呈现

　　皮带运输机是一种连续、快速、高效的物料传输设备。它可以通过连续或间歇运动来输送各种轻重不同的物品，既可输送各种散料，也可输送各种纸箱、包装袋等单件重量不大的货物，广泛应用于煤炭、建材、化工、机械、轻工业等行业。带式运输机如图4-2-1所示。

图 4-2-1　带式运输机

　　传统的继电器控制系统因存在设备故障率高、可靠性低、体积大、维修和改造不方便等许多缺陷而逐步被淘汰。PLC 控制系统正逐渐取代继电器控制。现拟设计用 PLC 控制三级皮带运输机的传送系统，各级皮带分别由一台电动机带动，其示意图如图4-2-2所示。

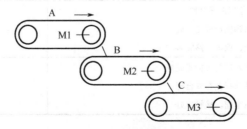

图 4-2-2　三级皮带输送机示意图

控制要求如下：

（1）启动时，先启动最后一级皮带运输机，经过 10s 延时，再依次启动其他皮带，各级延时均为 10s，待第一级启动 5s 后，货物开始装填。

（2）停止时，货物应先停止装填，待料运送完毕 5s 后，第一级皮带运输机停止，再依次停止其他级，各级延时均为 10s。

（3）当某级皮带机发生故障时，该皮带机及其前面的皮带机立即停止且停止装填货物，而该皮带机以后的皮带机待运完后才停止。

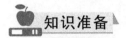 知识准备

定时器指令

定时器确实是一项了不起的发明，使相当多需要人工控制时间的工作变得简单了许多。人们甚至将定时器用在了军事方面，制成了定时炸弹、定时雷管。现在，不少家用电器都安装了定时器来控制开关或工作时间。可编程序控制器中的定时器是根据时钟脉冲累积计时的，时钟脉冲有 1ms、10ms、100ms 等不同规格。定时器的工作过程实际上是对时钟脉冲计数。定时器满足计时条件开始计时，当前值寄存器则开始计数，当当前值与设定值相等时定时器动作，常开触点接通，常闭触点断开，并通过程序作用于控制对象，达到时间控制的目的。定时器相当于继电器电路中的时间继电器，可在程序中进行延时控制。

定时器的类型有三种：接通延时定时器（TON）、断开延时定时器（TOF）和有记忆接通定时器（TONR）。其指令格式见表 4-2-1。

表 4-2-1 定时器指令格式

形式	接通延时	断开延时	有记忆接通延时
梯形图	SM0.0 ——[ ]—— Q0.0 ——( )	Q0.0 ——( )	I0.1 I0.2 Q0.0 ——[ ]——[/]——( )　 I0.0 ——[ ]——

S7-200 系列 PLC 有 256 个定时器，地址编号为 T0～T255，对应不同的定时器指令，其分类见表 4-2-2。

表 4-2-2 定时器指令与定时器分类

定时器指令	分辨率/ms	计时范围/s	定时器号
TONR	1	1～32.767	T0、T64
	10	1～327.67	T1～T4、T65～T68
	100	1～3 276.7	T5～T31、T69～T95
TON TOF	1	1～32.767	T32、T96
	10	1～327.67	T33～T36、T97～T100
	100	1～3 276.7	T37～T63、T101～T255

定时器使用说明：

（1）虽然 TON 和 TOF 的定时器编号范围相同，但一个定时器号不能同时用做 TON 和

TOF，不能够既有 TON T32 又有 TOF T32。

（2）定时器的分辨率（时基增量）有 3 种：1ms、10ms、100ms。定时器的分辨率由定时器号决定。

（3）定时器计时实际上是对时基增量的脉冲进行计数，其计数值存放于当前值寄存器中（16 位，数值范围是 1～32 767）。

（4）定时器的延时时间为预置值（PT）乘以定时器的分辨率。

（5）定时器满足输入条件时开始计时。

（6）每个定时器都有一个位元件，定时时间到时，位元件动作。

1. 接通延时定时器指令（TON）

当 TON 定时器输入端（IN）接通时，TON 定时器开始计时，当定时器的当前值等于或大于预置值（PT）时，定时器位元件动作。当输入端（IN）断开时，定时器当前值寄存器内的数据和位元件自动复位。

应用实例：当 I0.0 闭合时，Q0.0 输出控制指示灯，指示灯亮 1s，灭 2s，不停闪烁。当 I0.0 断开时，指示灯灭。梯形图及时序图如图 4-2-3 所示。

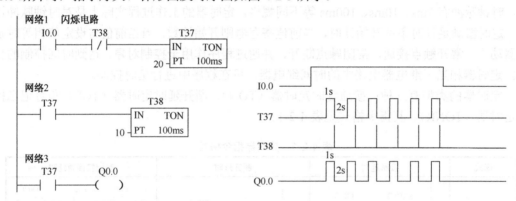

图 4-2-3　梯形图及时序图

过程分析：当 I0.0 常开触点接通时，定时器 T37 开始对 100ms 时钟脉冲进行计数，当当前值寄存器中的数据与预置值 20 相等（即定时时间 100ms×20＝2s）时，定时器位元件动作，T37 常开触点闭合，Q0.0 通电，指示灯亮。同时定时器 T38 开始对 100ms 时钟脉冲进行计数，当前值寄存器中的数据与预置值 10 相等（即定时时间 100ms×10＝1s）时，定时器位元件动作，T38 常闭触点断开，定时器 T37 复位，常开触头也复位，Q0.0 断电，指示灯灭。再下一循环后，因为定时器 T37 复位，T38 也复位，定时器 T37 又开始计时。周而复始循环。

2. 断开延时定时器指令（TOF）

当 TOF 定时器输入端（IN）接通时，定时器位元件置"1"，并把当前值设为"0"。

当输入端（IN）断开时，TOF 定时器开始计时，当定时器的当前值等于预置值（PT）时，定时器位元件置"0"，并且停止计时。如果输入端（IN）断开的持续时间小于预置值，定时器位一直保持接通。

应用实例：某设备的生产工艺要求，当主电动机停止工作后，冷却风机电动机要继续工作 1min，以便对主电动机降温。上述工艺要求可以用断开延时定时器来实现，PLC 输出端

Q0.1 控制主电动机，Q0.2 控制冷却风机电动机。梯形图如图 4-2-4 所示。

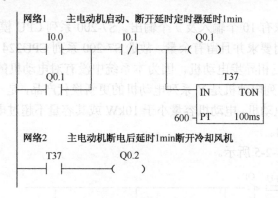

图 4-2-4 梯形图

过程分析：按下启动按钮，I0.0 常开触点接通，Q0.1 接通自锁，同时定时器 T37 常开触点闭合，Q0.2 接通，因此，主电动机和冷却风机电动机同时工作。按下停止按钮，Q0.1 断开解除自锁，主电动机停止工作；同时 T37 开始对 100ms 时钟脉冲进行累积计数，当 T37 当前值寄存器中的数据与预置值 600 相等（即定时时间 100ms×600 = 60s）时，定时器 T37 常开触点分断，Q0.1 断开，冷却风机电动机停止工作。

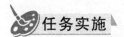 任务实施

一、首先根据任务的控制要求，画出 I/O 分配表（表 4-2-3）

表 4-2-3 I/O 分配表

编程元件	I/O 端子	电路器件	作用
输入	I0.0	SB0	启动按钮
	I0.1	SQ0	一级故障 A
	I0.2	SQ1	二级故障 B
	I0.3	SQ2	三级故障 C
	I0.4	SB1	停止按钮
	I0.5	SB2	循环控制按钮
	I0.6	SB3	单动控制按钮
	I1.1	SB4	一级皮带单动按钮
	I1.2	SB5	二级皮带单动按钮
	I1.3	SB6	三级皮带单动按钮
输出	Q0.0	KM0	装填货物接触器
	Q0.1	HL1	一级报警灯
	Q0.2	HL2	二级报警灯
	Q0.3	HL3	三级报警灯
	Q0.4	KM1	一级皮带接触器
	Q0.5	KM2	二级皮带接触器
	Q0.6	KM3	三级皮带接触器

二、硬件设计

首先，该系统要求有 10 个输入及 7 个输出。S7-200 系列 CPU 模块的 CPU224 有 14 输入，10 输出，符合使用要求并且留有余量，故选 S7-200 系列 CPU224 作为本设计的 CPU 模块。电机采用普通的三相异步电动机，因为本系统中没有对电动机的特别要求，因此选用 Y2 型异步电机。Y2 系列电动机是 Y 系列电动机的更新换代产品，是一般用途的全封闭自扇冷式鼠笼型三相异步电动机，电动机容量小于 10kW 或其容量不超过电源变压器容量 15%～20%，可实行直接启动。

电路原理图如图 4-2-5 所示。

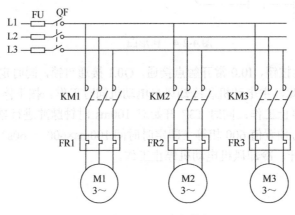

（a）主电路图

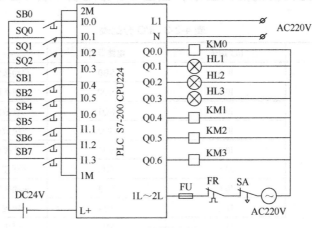

（b）控制电气图

图 4-2-5　电路原理图

三、软件设计

软件设计中主要考虑综合应用定时器指令，使用辅助继电器的 M 可以让程序简单明了。梯形图如图 4-2-6 所示。

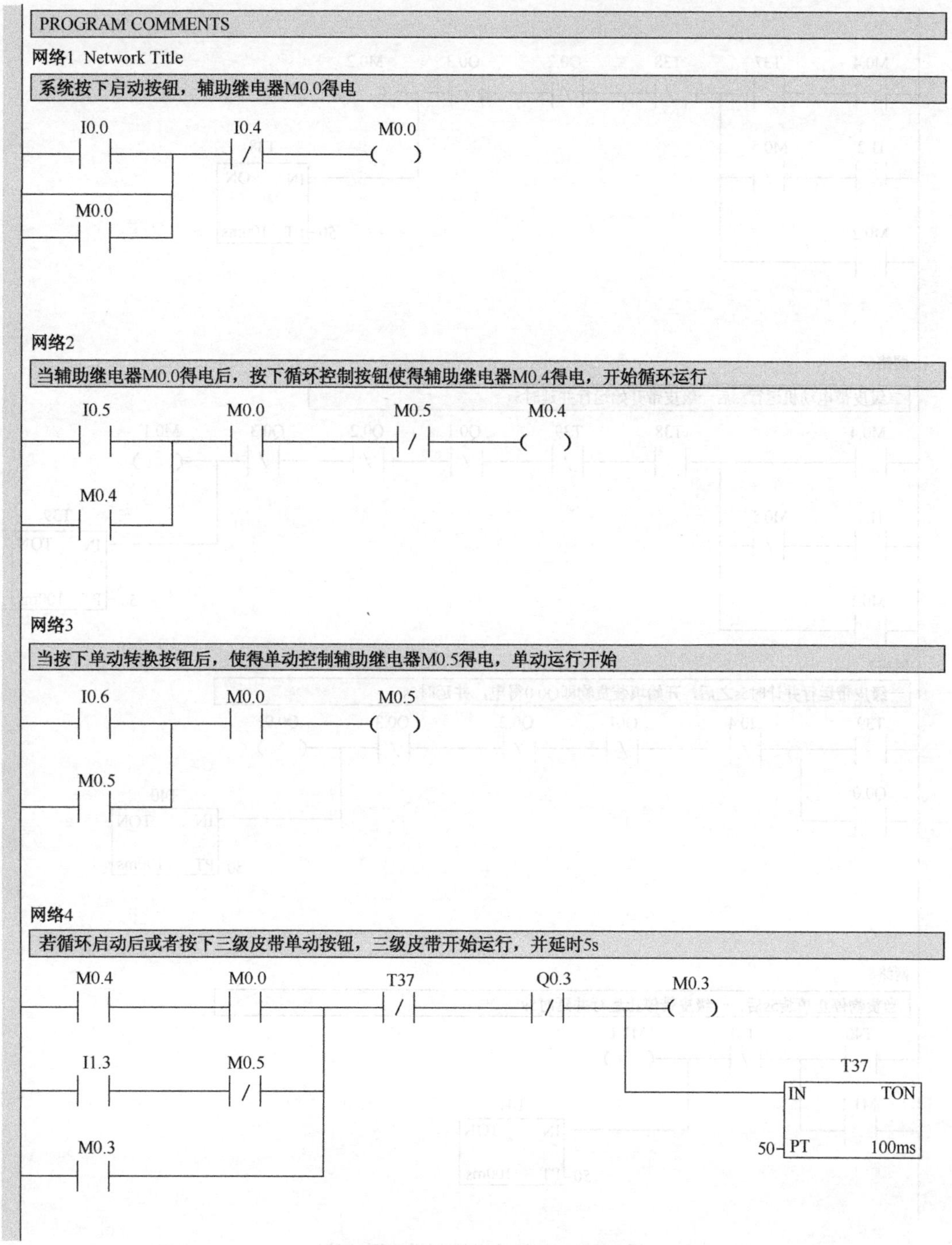

PROGRAM COMMENTS

网络1 Network Title

系统按下启动按钮，辅助继电器M0.0得电

```
     I0.0            I0.4            M0.0
   ──┤ ├──        ──┤/├──         ──( )──

     M0.0
   ──┤ ├──
```

网络2

当辅助继电器M0.0得电后，按下循环控制按钮使得辅助继电器M0.4得电，开始循环运行

```
     I0.5            M0.0            M0.5            M0.4
   ──┤ ├──        ──┤ ├──        ──┤/├──         ──( )──

     M0.4
   ──┤ ├──
```

网络3

当按下单动转换按钮后，使得单动控制辅助继电器M0.5得电，单动运行开始

```
     I0.6            M0.0            M0.5
   ──┤ ├──        ──┤ ├──         ──( )──

     M0.5
   ──┤ ├──
```

网络4

若循环启动后或者按下三级皮带单动按钮，三级皮带开始运行，并延时5s

```
     M0.4            M0.0            T37             Q0.3            M0.3
   ──┤ ├──        ──┤ ├──        ──┤/├──         ──┤/├──         ──( )──

     I1.3            M0.5                                           ┌──────────────┐
   ──┤ ├──        ──┤/├──                                         │         T37  │
                                                                   │ IN      TON  │
     M0.3                                                          │              │
   ──┤ ├──                                                      50─┤ PT    100ms  │
                                                                   └──────────────┘
```

图 4-2-6 三级传送控制梯形图

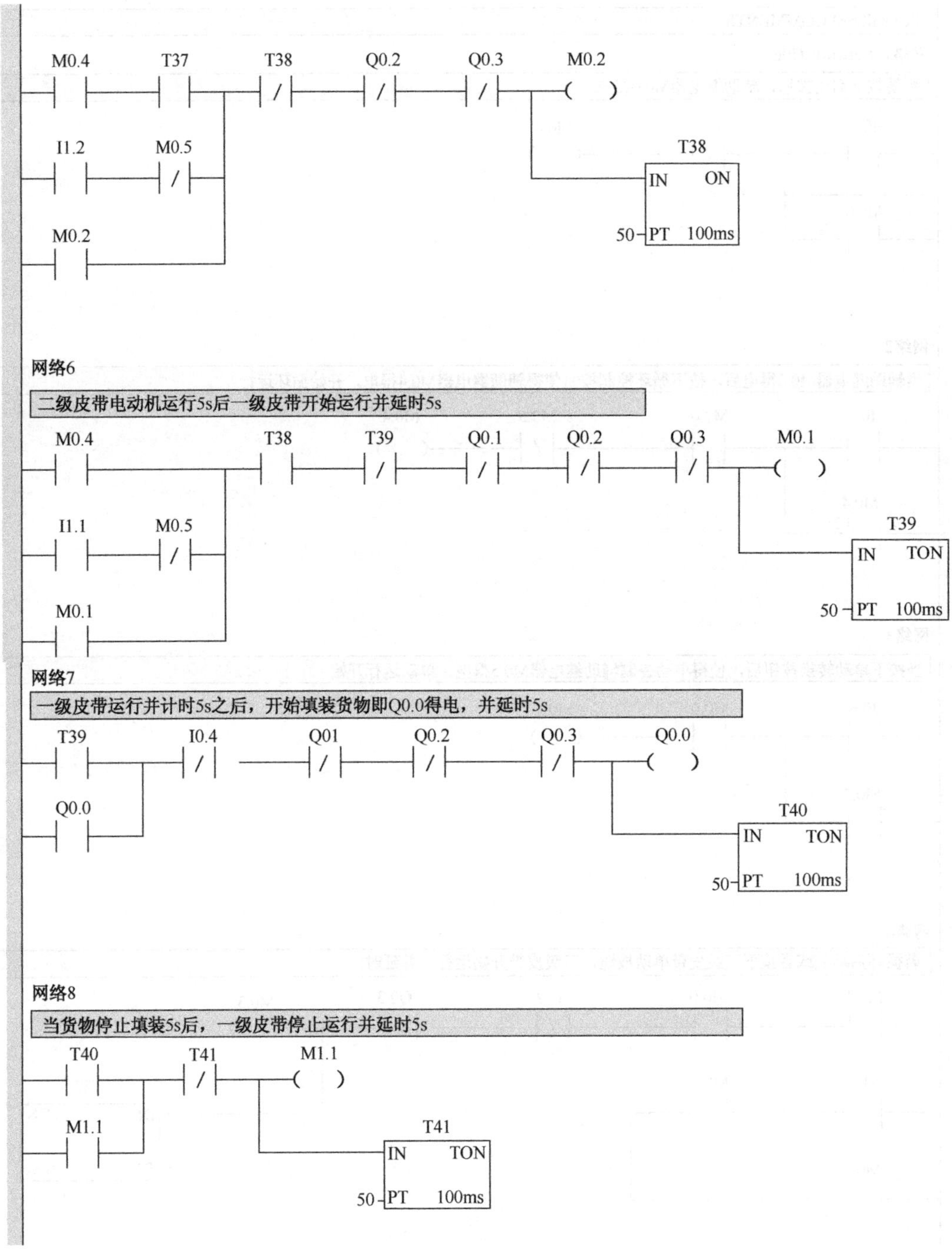

网络6

二级皮带电动机运行5s后一级皮带开始运行并延时5s

网络7

一级皮带运行并计时5s之后，开始填装货物即Q0.0得电，并延时5s

网络8

当货物停止填装5s后，一级皮带停止运行并延时5s

图 4-2-6 三级传送控制梯形图（续）

网络9

当一级皮带停止运行5s后，二级皮带停止运行并延时5s

```
   T41        T42        M2.1
 ──┤├──┬────┤/├────────( )
       │
   M2.1│                         T42
 ──┤├──┘                    ┌─IN      TON─┐
                            │             │
                         50─┤PT     100ms─┘
```

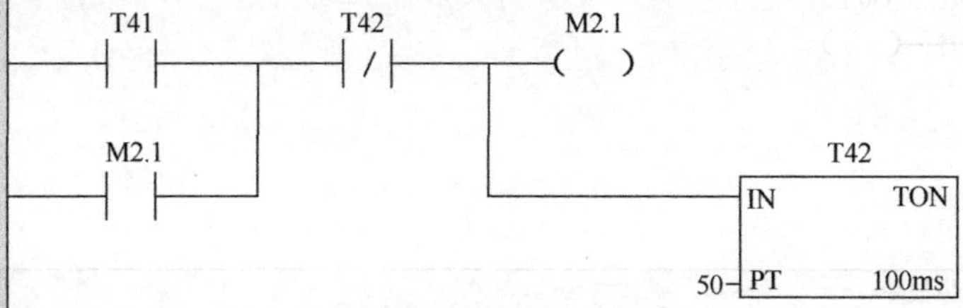

网络10

当皮带停止运行5s后，三级皮带停止运行并延时5s

```
   T42        T43        M3.1
 ──┤├──┬────┤/├────────( )
       │
   M3.1│                         T43
 ──┤├──┘                    ┌─IN      TON─┐
                            │             │
                         50─┤PT     100ms─┘
```

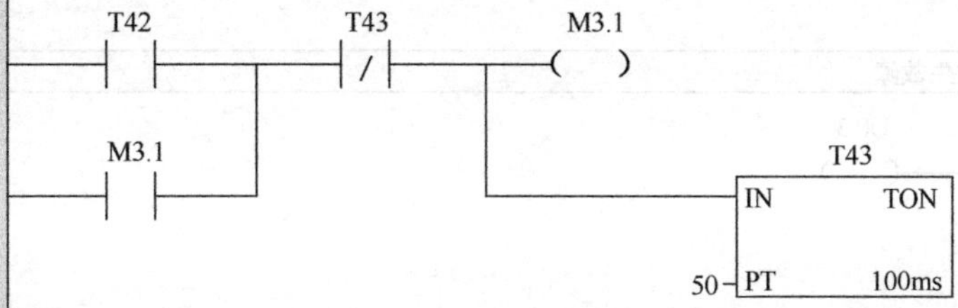

网络11

当三级皮带电动机得电后，对应的线圈得电

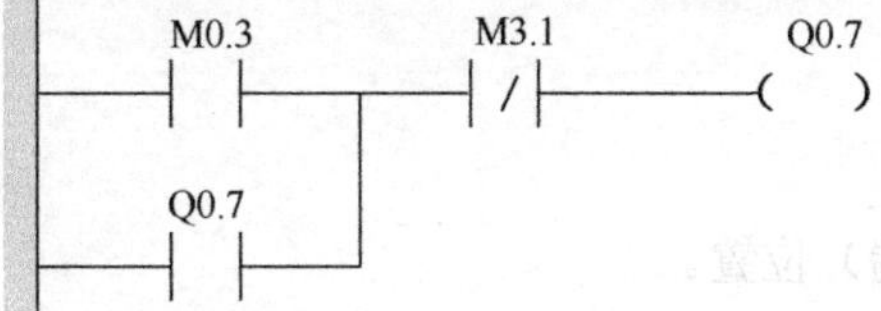

```
   M0.3       M3.1       Q0.7
 ──┤├───────┤/├────────( )
   Q0.7
 ──┤├──
```

网络12

二级皮带运行后，对应的继圈得电

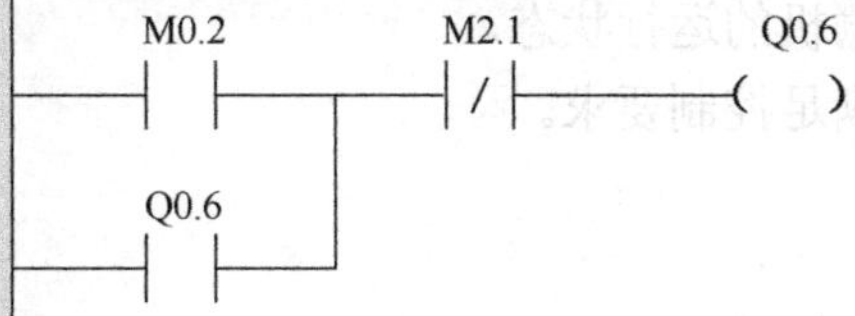

```
   M0.2       M2.1       Q0.6
 ──┤├───────┤/├────────( )
   Q0.6
 ──┤├──
```

网络13

一级皮带运行开始后，对应的线圈同时得电

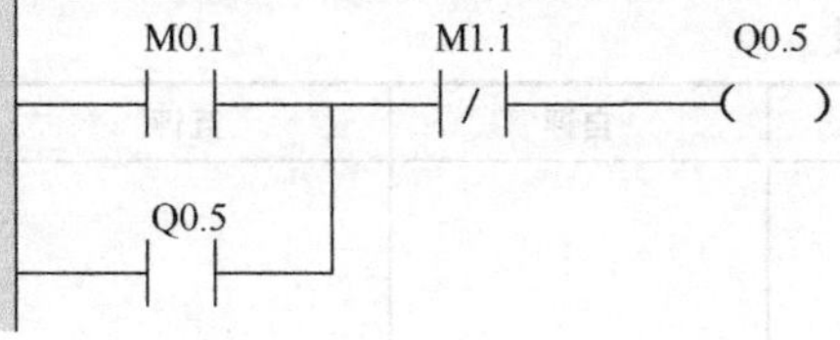

```
   M0.1       M1.1       Q0.5
 ──┤├───────┤/├────────( )
   Q0.5
 ──┤├──
```

图 4-2-6 三级传送控制梯形图（续）

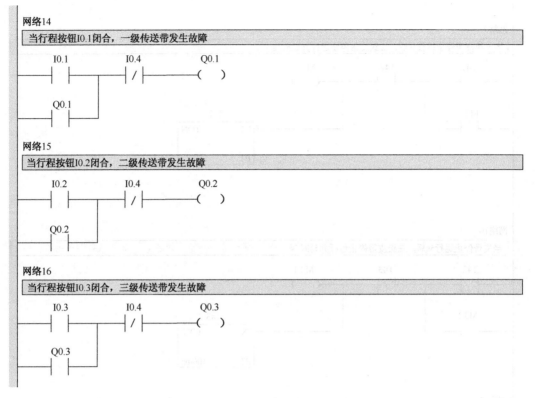

图 4-2-6　三级传送控制梯形图（续）

四、调试步骤

（1）按自己所画的电气原理图接线。

（2）接通电源，拨状态开关于"TERM"（终端）位置。

（3）启动编程软件，单击工具栏停止图标，使 PLC 处于"STOP"（停止）状态。

（4）将程序下载 PLC，单击工具栏运行图标，使 PLC 处于"RUN"（运行）状态。

（5）按下启动按钮监控程序运行，观察皮带运输机的运行状态。

（6）模拟某条皮带运输机发生故障，看是否能满足控制要求。

任务评价

通过以上的学习，根据实训过程填写表 4-2-4。

表 4-2-4　评价表

考核项目	考核要求	自评	互评
电路设计	1. I/O 分配正确合理		
	2. 输入、输出接线图正确		
	3. 有无电气隔离措施及抗干扰电路		
安装工艺	1. 元件选择及布局合理		
	2. 接点牢固，接触良好		

考核项目	考核要求	自评	互评
程序编写	1. 程序实现控制功能 2. 程序简单明了 3. 自己独立完成的程序,没有照抄已有程序		
调试	1. 接负载试车成功 2. 排除故障思路清晰、方法合理		
职业素养	1. 安全文明生产 2. 团队协作精神 3. 创新精神		
时间考核	在规定时间完成		
老 师 评 语			

任务 3　密码锁

✐ **任务呈现**

密码锁是锁的一种,开启时要输入一系列数字或符号。密码锁的密码通常都只是排列而非真正的组合。部分密码锁只使用一个转盘,把锁内的数个碟片或凸轮一起转动;亦有些密码锁是转动一组数个刻有数字的拨轮圈,直接带动锁内部的机械。电子密码锁是一种通过密码输入来控制电路或是芯片工作,从而控制机械开关的闭合,完成开锁、闭锁任务的电子产品。它的种类很多,通常是以芯片为核心,通过编程来实现的。现试用 PLC 作为控制系统来实现密码锁的功能。电子密码锁实物图如图 4-3-1 所示。

图 4-3-1　电子密码锁

控制要求:它有 8 个按键 SB1~SB8,SB7 为启动键,按下 SB7 键,才可进行开锁作业。SB1、SB2、SB5 为可按压键。开锁条件为:SB1 设定按压次数为 3 次,SB2 设定按压次数为 2 次,SB5 按压次数为 4 次。如果按上述规定按压,则 5s 后,密码锁自动打开。SB3、SB4 为不可按压键,一按压,警报器就发出警报。SB6 为复位键,按下 SB6 键后,可重新进行开锁作业。如果按错键，则必须进行复位操作，所有的计数器都被复位。 SB8 为停止键，按下 SB8 键，停止开锁作业。除了启动键外，不考虑按键的顺序。

知识准备

计数是一种最简单、基本的运算，计数器就是实现这种运算的逻辑电路。计数器在数字系统中主要是对脉冲的个数进行计数，以实现测量、计数和控制的功能，同时兼有分频功能。计数器由基本的计数单元和一些控制门所组成，计数单元则由一系列具有存储信息功能的各类触发器构成。计数器在数字系统中应用广泛：如在计算机的控制器中对指令地址进行计数，以便顺序取出下一条指令；在运算器中作乘法、除法运算时记下加法、减法次数；又如在数字仪器中对脉冲进行计数，等等。计数器可以用来显示产品的工作状态，如图 4-3-2 所示。PLC 中的计数器也是由集成电路构成，是应用非常广泛的编程元件，经常用来对产品进行计数或结合定时器功能实现长时间定时功能。

图 4-3-2　计数器

一、计数器

利用输入脉冲上升沿累计脉冲个数。计数器结构主要由一个 16 位的预置值寄存器、一个 16 位的当前值寄存器和一位状态位组成。当前值寄存器用以累计脉冲个数，计数器当前值大于或等于预置值时，状态位置 1 用来累计输入脉冲的次数。计数器指令有 3 种：增计数 CTU、增减计数 CTUD 和减计数 CTD。

计数器指令的形式见下表。表中，C××× 为计数器编号，取 C0～C255；CU 为增计数信号输入端；CD 为减计数信号输入端；R 为复位输入；LD 为装载预置值；PV 为预置值。计数器的功能是对输入脉冲进行计数，计数发生在脉冲的上升沿，达到计数器预置值时，计数器位元件动作，以完成计数控制任务。

形　式	名　称		
	增计数器	减计数器	增减计数器
梯形图	C××× CU　CTU R PV	C××× CD　CTD LD PV	C××× CU　CTUD CD R PV

1. 增计数器

该指令中 CU 为加计数脉冲输入端；R 为加计数复位端；PV 为预置值；C××× 为计数器的编号，范围为 C0～C255；PV 预置值最大范围为 32767；PV 的数据类型为 INT；PV 操作数为 VW，T，C，IW，QW，MW，SMW，AC，AIW，K；当 R=0 时，计数脉冲有效；当 CU 端有上升沿输入时，计数器当前值加 1；当计数器当前值大于或等于设定值（PV）时，该计数器的状态位 C-bit 置 1，即其常开触点闭合，计数器仍计数，但不影响计数器的状态位，直至计数达到最大值（32767）；当 R=1 时，计数器复位，即当前值清零，状态位 C-bit 也清零；加计数器计数范围为 0～32767。

程序实例：图 4-3-3 为增计数器的程序片断和时序图。

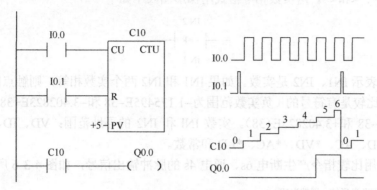

图 4-3-3　增计数器程序片断和时序图

2. 减计数器

该指令是从设定值开始，在每一个输入状态（CD）的上升沿时递减计数。在当前计数值等于 0 时，计数器被置位。当装载输入端（LD）接通时，计数器自动复位，当前值复位为设定值（PV）。

如图 4-3-4 所示是减计数器的应用举例。当 I0.1 常开触点闭合时，设定值被装载，C1 被复位，C1 常开触点分断，Q0.1 断电。在 I0.0 常开触点闭合时，CTD 开始减计数，当 I0.0 常开触点第 3 次闭合时，C1 被置位，C1 常开触点闭合，Q0.1 通电。时序图如图 4-3-5 所示。

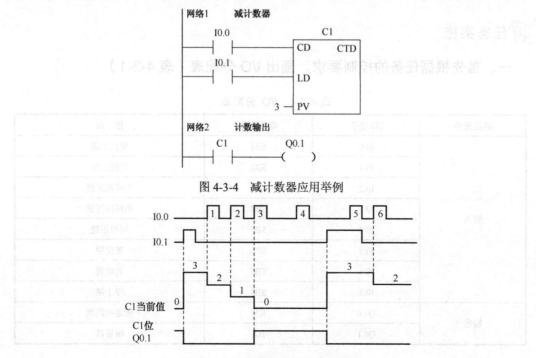

图 4-3-4　减计数器应用举例

图 4-3-5　减计数器应用举例时序图

3. 比较指令

该指令是将两个操作数按规定的条件作比较，条件成立时，触点就闭合。比较运算符有：=、>=、<=、>、<和<>。两实数相等格式用梯形图表示如下：

$$\begin{array}{c} \text{IN 2} \\ \dashv\ ==R\ \vdash \\ \text{IN 1} \end{array}$$

含义：R 表示 IN1、IN2 是实数。如果 IN1 和 IN2 两个实数相等，则触点闭合，能流可以通过。实数比较是有符号的（负实数范围为$-1.175495E{-}38$ 和$-3.402823E{+}38$，正实数范围为$+1.175495E{-}38$ 和$+3.402823E{+}38$）。实数 IN1 和 IN2 的寻址范围：VD、ID、QD、MD、SD、SMD、LD、AC、*VD、*AC、*LD 和常数。

举例：应用比较指令产生断电 6s、通电 4s 的脉冲输出信号，如图 4-3-6 所示。

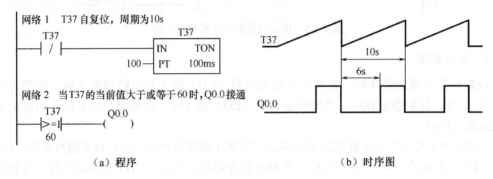

网络 1　T37 自复位，周期为10s

网络 2　当T37的当前值大于或等于60时，Q0.0接通

（a）程序　　　　　　　　　　　（b）时序图

图 4-3-6　比较指令应用举例

任务实施

一、首先根据任务的控制要求，画出 I/O 分配表（表 4-3-1）

表 4-3-1　I/O 分配表

编程元件	I/O 端子	电路器件	作　用
输入	I0.0	SB1	可按压键
	I0.1	SB2	可按压键
	I0.2	SB3	不可按压键
	I0.3	SB4	不可按压键
	I0.4	SB5	可按压键
	I0.5	SB6	复位键
	I0.6	SB7	启动键
	I0,7	SB8	停止键
输出	Q0.0	KM	接通密码锁
	Q0.1	HA	报警器

二、硬件设计

首先考虑如何选择 PLC 类型及输出类型。在该系统要求中只有 8 个输入及 2 个输出，考虑到经济性，继电器输出类型即可满足，此外考虑到 PLC 选用交流电 220V 的，可以省了开关电源。因此选用 200 系列中哪一型号比较合理？负载是报警器，此时能否直接接在输出端？为什么？从报警器共用一电源的电压类型及额度电流出发，KM 要怎么选型号？根据控制要求及成本考虑，选用用点动开关还是自锁开关？

电气原理图如图 4-3-7 所示。

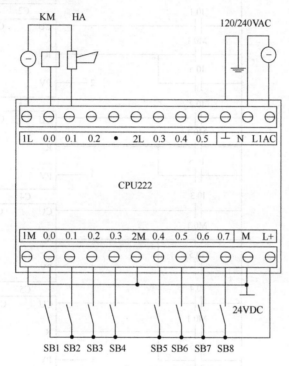

图 4-3-7 密码锁电气原理图

三、软件设计

首先要考虑如何实现按键按几下就可以实现密码的核对。首选用计数器，当然还要考虑按键下去时时间有长短，会不会影响正确计数？为什么？复位键、停止键如果实现停止和复位功能，应该接计数器的什么端？如何实现开机就复位的功能？SB1、SB2、SB5 的按键顺序应怎样设计？如果使用 SM0.1，则它的作用是什么？可否应用在计数器操作中？

梯形图如图 4-3-8 所示。

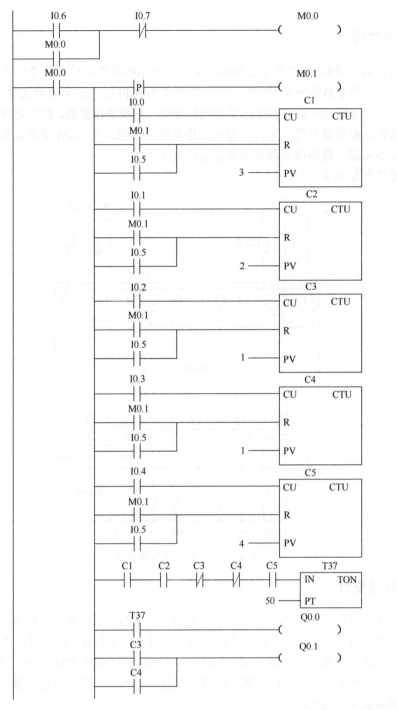

图 4-3-8　密码锁梯形图

四、调试步骤

（1）在断电状态下，连接好 PC/PPI 电缆。

（2）打开 PLC 的前盖，将运行模式选择开关拨到 STOP 位置，此时 PLC 处于停止状态；或者用鼠标单击工具条中的 STOP 按钮，可以进行程序编写。

（3）在作为编程器的 PC 上，运行 STEP 7 Micro/WIN 32 编程软件。

（4）用菜单命令"文件"→"新建"，生成一个新项目；或者用菜单命令"文件"→"打开"，打开一个已有的项目；或者用菜单命令"文件"→"另存为"，可修改项目的名称。

（5）用菜单命令"PLC"→"类型"，设置 PLC 的型号；设置通信参数；编写控制程序。

（6）用鼠标单击工具条中的"编译"按钮或"全部编译"按钮，来编译输入的程序。

（7）下载程序文件到 PLC，将运行模式选择开关拨到 RUN 位置；或者用鼠标单击工具条的 RUN 按钮，使 PLC 进入运行方式。

（8）按 SB7 键或模拟启动操作，将 I0.6 与 DC24V 的 L+端点按一下。分别按 SB1 键 3 次、SB2 键 2 次、SB5 键 4 次，等待 5s，观察输出 Q0.0 是否有输出。

（9）如果 Q0.0 输出正确，按 SB8 键（或模拟停止操作，将 I0.7 与直流 24V 的 L+点接一下），此时 Q0.0 停止输出。

（10）按 SB7 键，再次进行开锁操作。将 I0.4 或 I0.5 与 DC24V 的 L+端连接后随即断开。观察输出 Q0.1 是否有输出。

（11）将 I0.6 与 DC24V 的 L+端连接后随即断开（模拟复位操作），观察 Q0.1 的状态是否有变化。

（12）分别按 SB1 键 4 次、SB2 键 2 次、SB5 键 4 次，等待 5s，观察输出 Q0.0 是否有输出，为什么？按 SB8 键，结束开锁操作。

任务评价

通过以上的学习，根据实训过程填写表 4-3-2。

表 4-3-2 评价表

考核项目	考核要求	自评	互评
电路设计	1. I/O 分配正确合理 2. 输入、输出接线图正确 3. 联锁、保护电路完备		
安装工艺	1. 元件选择及布局合理 2. 接点牢固，接触良好		
程序编写	1. 程序实现控制功能 2. 程序简单明了，有创新精神 3. 自己独立完成的程序，没有照抄已有程序		
调试	1. 接负载试车成功 2. 排除故障思路清晰、方法合理		
职业素养	1. 安全文明生产 2. 团队协作精神		
时间考核	在规定时间完成		
老师评语			

*任务4　锅炉

任务呈现

锅炉是通过燃烧把燃料的化学能转化为热能，使给水变成蒸汽或热水的设备。因此，它

是化工、石化、冶金、轻纺、造纸等工矿企业的主要动力及供热设备。锅炉的分类有很多种，根据使用燃料可分为：燃煤锅炉、燃油锅炉、燃气锅炉、废气锅炉、太阳能锅炉等。燃油锅炉如图4-4-1所示。

现在部分企业使用的小锅炉及旧式的锅炉，大多还采用继电器系统控制。由于继电器系统缺陷很大，导致其工作效率不高，并且安全得不到保障，因此我们采用PLC取代继电器控制对锅炉进行改造，要求实现锅炉工作的自动控制。锅炉的自动控制是指对锅炉的给水、燃烧等热工过程变量的自动调节。其中包括

图4-4-1　燃油锅炉

水位自动控制、燃烧过程控制、气压控制和报警。蒸汽压力调节采用双位调节，即高压停炉、低压启动方式；给水自动调节系统亦采用双位调节方式；燃烧控制其实质是一个时序控制，按照锅炉点火的时序设计程序。现拟用PLC实现锅炉工作的自动控制，编写程序。

控制要求：

（1）水位自动控制：当锅炉水位低于某一位置时，低水位开关接通，水泵运转，进行打水。当水位高于某一位置时，高水位开关接通，断开水泵电动机接触器，水泵停止打水。当水位在设定的危险水位时，危险水位开关接通，危险水位指示灯亮，蜂鸣器响，进行声光报警。同时输出全部断开，停止风机鼓风压火，停止供油，并不允许点火。

（2）燃烧过程控制：按启动按钮，风机运转，进行扫风，以吹扫炉中残留油气，防止发生爆炸。同时油泵运转，进行泵油。当42s计时到，有指示灯亮，表示点火电磁阀开始通电喷油。同时有指示灯亮，表示接通点火变压器，开始通电打火。当点火成功时，有指示灯灭，表示点火变压器停止打火。当44s计时到，有指示灯亮，表示接通正常燃烧电磁阀，通电喷油，此时点火电磁阀和正常燃烧电磁阀同时工作。当46s计时到，有指示灯灭，表示点火电磁阀断电，进入正常燃烧。如果中途熄火，则风机、油泵断电，熄火指示灯亮，进行报警。

（3）蒸汽压力控制：当压力超过上限设定值，则风机、油泵停。当压力小于上限设定值时，重新进行燃烧。

（4）正常熄火：按停止按钮，风机、油泵停，此时系统不会报警。

知识准备

锅炉的基本组成部分称为锅炉本体，由汽锅、炉子及安全附件组成；其他部件包括锅

炉金属钢架及平台楼梯等。其中，汽锅是锅炉本体中的汽水系统，高温燃烧产物——烟气通过受热面将热量传递给汽锅内温度较低的水，水被加热，沸腾汽化，生成蒸汽。炉子是锅炉本体中的燃烧设备，燃烧将燃料的化学能转化为热能。安全附件包括水位计、压力表、安全阀。

一、工作过程

锅炉的工作过程基本分为三个阶段：燃料的燃烧过程、烟气向水（汽等工质）的传热过程、工质（水）的加热和汽化过程（蒸汽的生产过程）。

燃烧过程：燃料在炉内（燃烧室内）燃烧，生成高温烟气，并排出灰渣的过程。根据燃料的不同，燃烧过程也不同。燃油锅炉的燃烧过程为，燃油加热后，通过管道输送到燃烧器雾化和空气充分混合，混合物喷入炉内燃烧，产生高温烟气，热量传导给受热面内流动工质，燃烧后烟气排出。

传热过程：高温烟气通过热对流把热量传导给水冷壁，经过水冷壁的高温烟气再通过过热器（凝渣管），然后依次是对流管束、尾部受热面、除尘器、引风机、烟囱。

蒸汽的生产过程：首先是给水过程，水通过省煤器进到汽锅里，然后是水循环过程，水通过汽锅到下降管和下集箱水冷壁，最后一个过程是汽水分离。

在锅炉启动之前，工作人员要对锅炉做好准备工作：首先要先合上电源的总开关，观察锅炉的水位是否正常，如果不正常，调整好水位，否则不能启动锅炉；让燃油的压力、温度自动控制系统投入正常工作；等做好这些工作之后，就可以启动锅炉了。按下启动按钮，燃烧时序控制系统投入工作，其主要功能为：预扫风、点火、负荷控制和安全保护。

任务实施

一、首先根据任务的控制要求，画出 I/O 分配表（表 4-4-1）

表 4-4-1 I/O 分配表

输 入			输 出		
输入继电器	输入元件	作 用	输出继电器	输出元件	控制对象
I0.0	SB1	启动按钮	Q0.0	KM1	风机接触器
I0.1	SB2	停止按钮	Q0.1	KM2	油泵接触器
I0.2	SQ1	水位上限开关	Q0.2	KM3	水泵接触器
I0.3	SQ2	水位下限开关	Q0.3	PID	比例调节器
I0.4	SQ3	危险水位开关	Q0.4	YV1	点火电磁阀
I0.5	SQ4	火焰检测	Q0.5	YV2	正常燃烧电磁阀
I0.6	SP	蒸汽压力开关	Q0.6	HA	危险水位报警
I0.7	FR1	风机热继电器	Q0.7	HL1	燃烧指示
I1.0	FR2	水泵热继电器	Q1.0	HL2	点火变压器
I1.1	FR3	油泵热继电器	Q1.1	HL3	熄火指示

二、硬件设计

根据 I/O 地址表，画出 PLC 和外围控制器件的连接图并接好线，注意开关状态和程序里各点的对应关系。请读者自行完成。

三、软件设计（梯形图如图 4-4-2 所示）

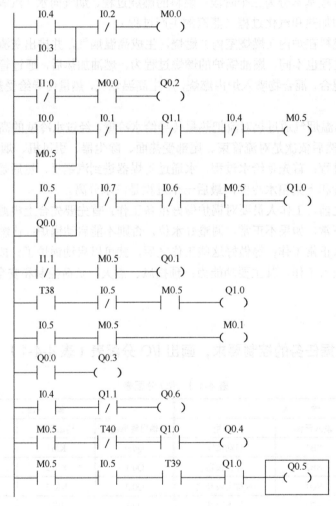

图 4-4-2　梯形图

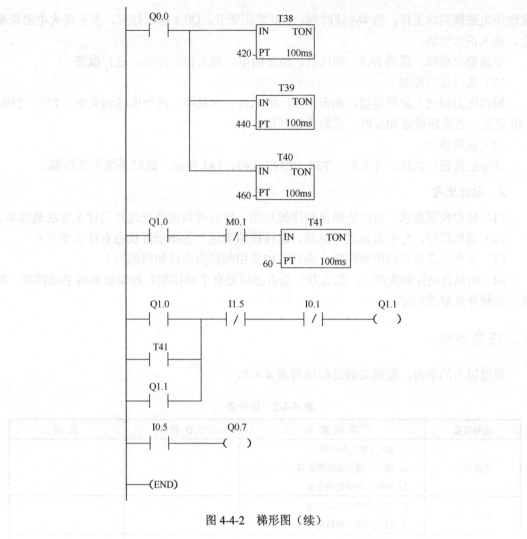

图 4-4-2 梯形图（续）

1. 系统调试过程

（1）水位自动控制

模拟低水位：将低水位开关（I0.3）接通，使得输出 Q0.2 接通水泵电机接触器，水泵运转，进行打水。模拟高水位：将高水位开关（I0.2）断开，输出 Q0.2 断开水泵电动机接触器，水泵停止打水。模拟危险水位：将模拟危险水位开关（I0.4）接通，危险水位指示灯亮，蜂鸣器响，进行声光报警，同时 Q0.0、Q0.1、Q0.3、Q0.4、Q0.5、Q1.0、QQ1.1 全部断开，停止风机鼓风压火，停止供油，并不允许点火。

（2）燃烧过程控制

按启动按钮，I0.0 接通，输出 Q0.0 接通风机接触器，风机运转，进行扫风，以吹扫炉中残留油气，防止发生爆炸，同时 Q0.1 接通，油泵运转，进行泵油。当 42s 计时到，T38 常开闭合，Q0.4 接通，指示灯亮，表示点火电磁阀开始通电喷油，同时 Q1.0 闭合（指示灯亮），表示接通点火变压器，开始通电打火。

模拟点火成功：断开 I0.5，Q1.0 指示灯灭，表示点火变压器停止打火。当 44s 计时到，T39 常开闭合，Q0.5 指示灯亮，表示接通正常燃烧电磁阀，通电喷油，此时点火电磁阀和正常燃烧电磁阀同时工作。当 46s 计时到，T40 常闭断开，Q0.4 指示灯灭，表示点火电磁阀断电，进入正常燃烧。

中途熄火模拟：接通 I0.5，则风机、油泵断电，熄火指示灯亮，进行报警。

（3）蒸汽压力控制

模拟压力超过上限设定值：断开 I0.6，则风机、油泵停，两个电磁阀失电，T38、T39、T40 复位。当重新接通 I0.6 时，重新进行燃烧。

（4）正常熄火

按停止按钮，风机、油泵停，T38、T39、T40、T41 复位，此时系统不会报警。

2．设计思考

（1）针对控制要求，可以先画出程序流程图，然后再根据情况选择用什么方法最简单。

（2）对照程序，分析若点火不成功，怎样模拟实现？各指示灯状态有什么变化？

（3）该程序是否可以用顺序指令编写？如果用顺控指令该如何编写？

（4）如果自动控制失控了，怎么办？是否必须要有手动控制？如果要加装手动控制，怎么加装硬件及修改程序？

任务评价

通过以上的学习，根据实训过程填写表 4-4-2。

表 4-4-2　评价表

考核项目	考核要求	自评	互评
电路设计	1. I/O 分配正确合理 2. 输入、输出接线图正确 3. 联锁、保护电路完备		
安装工艺	1. 元件选择及布局合理 2. 接点牢固，接触良好		
程序编写	1. 程序实现控制功能 2. 操作步骤正确		
调试	1. 接负载试车成功		
职业素养	1. 安全文明生产 2. 团队协作精神 3. 创新精神		
时间考核	在规定时间完成		
老师评语			

阅读材料

工控机

工控机是专门为工业控制设计的计算机，用于对生产过程中使用的机器设备、生产流程、数据参数等进行监测与控制。工控机如图 4-4-3 所示。

图 4-4-3 工控机

早在 20 世纪 80 年代初期，美国 AD 公司就推出了类似 IPC 的 MAC-150 工控机，随后美国 IBM 公司正式推出工业个人计算机 IBM7532。据 2000 年 IPC 统计，PC 机已占到通用计算机的 95%以上，因其价格低、质量高、产量大、软/硬件资源丰富，已被广大的技术人员所熟悉和认可，这正是工业电脑热的基础。工控机主要的组成部分为工业机箱、无源底板及可插入其上的各种板卡，如 CPU 卡、I/O 卡等，并采用全钢机壳、机卡压条过滤网、双正压风扇等设计及 EMC（Electro Magnetic Compatibility）技术，以解决工业现场的电磁干扰、震动、灰尘、高/低温等问题。

工控机经常会在环境比较恶劣的环境下运行，对数据的安全性要求也更高，所以工控机通常会进行加固、防尘、防潮、防腐蚀、防辐射等特殊设计。工控机对于扩展性的要求也非常高，接口的设计需要满足特定的外部设备，因此大多数情况下，工控机需要单独定制才能满足需求。目前，IPC 已被广泛应用于工业及人们生活的方方面面。

工控机特点：

（1）机箱采用钢结构，有较高的防磁、防尘、防冲击的能力。

（2）机箱内有专用底板，底板上有 PCI 和 ISA 插槽。

（3）机箱内有专门电源，电源有较强的抗干扰能力。

（4）要求具有连续长时间工作能力。

（5）一般采用便于安装的标准机箱（4U 标准机箱较为常见）

项目总结

该项目介绍了 S、R、TON、TOF、CTU、CTD 等基本指令的属性及应用，并且讲述了位寄存器 M、特殊寄存器 SM 的应用。如果对某个指令不熟悉时，可以在软件界面下选中指令，然后按【F1】键，"程序帮助"会给出详细的说明和应用。其中，有许多经典控制电路可以用 PLC 来进行改造，与继电器控制系统相比，PLC 接线、程序编写、维护升级都显得比较简单、灵活。

课后练习

1. 设计用一个按钮 SB0 控制一盏灯的亮灭的电路：第一次按下按钮，灯亮；第二次按下按钮灯灭。编写程序。

2．星—三角降压启动控制系统，当按下启动按钮 SB1 时，电动机Y形连接启动，6s 后自动转为△形连接运行。当按下停止按钮 SB2 时，电动机停机。设计 PLC 控制线路并编写程序。

3．某机械设备有 3 台电动机，控制要求如下：按下启动按钮，第 1 台电动机 M1 启动；运行 4s 后，第 2 台电动机 M2 启动；M2 运行 15s 后，第 3 台电动机 M3 启动。按下停止按钮，3 台电动机全部停机。设计 PLC 控制线路并编写程序。

4．如下图所示的传送带输送工件，数量为 20 个。连接 I0.0 端子的光电传感器对工件进行计数。当计件数量小于 15 时，指示灯常亮；当计件数量等于或大于 15 以上时，指示灯闪烁；当计件数量为 20 时，10s 后传送带停机，同时指示灯熄灭。设计 PLC 控制线路并编写程序。

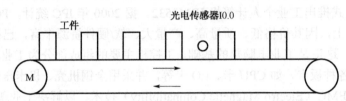

项目 5 顺控指令应用

项目描述

　　许多生产设备的机械动作是按照生产工艺规定的次序，在各个输入信号的作用下，根据内部状态和时间的顺序，在生产过程中的各个执行机构自动、有序地进行操作的。顺序控制法又叫步进控制设计法。它是可编程控制器应用中非常重要的一个方面，它将一个复杂的工作流程分解为几个较为简单的工步，然后分别对各个工步进行编程，可使编程工作简单化和规范化。

　　本项目，通过完成运料小车、十字交通灯任务来学习顺控指令。

任务 1　运料小车

任务呈现

　　运料小车在现代化的工厂中普遍存在。传统的工厂依靠人力推车运料，这样浪费了大量的人力物力，降低了生产效率。此外，由于工作环境恶劣，有许多不允许人进入工作环境的情况。因此，现代工业生产中大量运用 PLC 控制运料小车，并结合组态软件、人机界面（HMI），使生产自动化、智能化，大大提高了生产效率，降低了劳动成本。现拟用 PLC 来控制运料小车。运料小车控制系统示意图如图 5-1-1 所示。

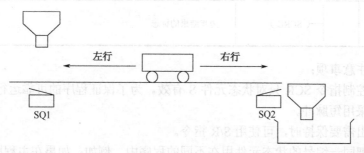

图 5-1-1　运料小车控制系统示意图

控制要求：

（1）初始位置，小车在左端，左限位开关 SQ1 被压下。

（2）按下起动按钮 SB1，小车开始装料。

（3）8s 后装料结束，小车自动开始右行，碰到右限位开关 SQ2 时，停止右行，小车开始卸料。

（4）5s 后卸料结束，小车自动左行，碰到左限位开关 SQ1 后，停止左行，开始装料。

（5）延时 8s 后，装料结束，小车自动右行……如此循环，直到按下停止按钮 SB2，在当前循环完成后，小车结束工作。

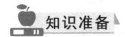 **知识准备**

一、顺序控制指令

顺序控制指令是 PLC 生产厂家为用户提供的可使功能图编程简单化和规范化的指令。S7-200 PLC 提供了三条顺序控制指令。指令格式见表 5-1-1。

1．顺序步开始指令（LSCR）

LSCR 为顺序步开始指令，顺序控制继电器位 SX，Y=1 时，该程序步执行。"？？.？"表示 S0.0，S0.1，S0.2 等。

2．顺序步结束指令（SCRE）

SCRE 为顺序步结束指令，顺序步的处理程序在 LSCR 和 SCRE 之间。

3．顺序步转移指令（SCRT）

使能输入有效时，将本顺序步的顺序控制继电器位清零，下一步顺序控制继电器位置 1。

表 5-1-1　顺序控制指令格式

形　式	梯形图	说　明
步开始指令	??? SCR	为步开始的标志，该步的状态元件的位置 1 时，执行该步
步转移指令	??? —(SCRT)	使能有效时，关断本步，进入下一步。该指令由转换条件的接点起动，n 为下一步的顺序控制状态元件
步结束指令	—(SCRE)	为步结束的标志

使用指令注意事项：

（1）步进控制指令 SCR 只对状态元件 S 有效。为了保证程序的可靠运行，驱动状态元件 S 的信号应采用短脉冲。

（2）当输出需要保持时，可使用 S/R 指令。

（3）不能把同一编号的状态元件用在不同的程序中。例如：如果在主程序中使用 S0.1，则不能在子程序中再使用。

（4）在 SCR 段中不能使用 JMP 和 LBL 指令，即不允许跳入或跳出 SCR 段，也不允许在 SCR 段内跳转。可以使用跳转和标号指令在 SCR 段周围跳转。

（5）不能在 SCR 段中使用 FOR、NEXT 和 END 指令。

二、顺序功能图

顺序功能图又称为功能表图，它是一种描述顺序控制系统的图解表示方法，是专用于工业顺序控制程序设计的一种功能说明性语言。它能形象、直观、完整地描述控制系统的工作过程、功能和特性，是分析、设计电气控制系统控制程序的重要工具。

1. 功能图主要由"状态"、"转移"及有向线段等元素组成

如果适当运用组成元素，就可得到控制系统的静态表示方法，再根据转移触发规则模拟系统的运行，就可以得到控制系统的动态过程。

步也就是状态，是控制系统中一个相对不变的性质，对应于一个稳定的情形。可以将一个控制系统划分为被控系统和施控系统。例如在数控车床系统中，数控装置是施控系统，而车床是被控系统。对于被控系统，在某一步中要完成某些"动作"（action），对于施控系统，在某一步中则要向被控系统发出某些"命令"（command）。步的符号如图 5-1-2 所示。矩形框中可写上该状态的编号或代码。

（1）初始状态。初始状态是功能图运行的起点，一个控制系统至少要有一个初始状态。初始状态的图形符号为双线的矩形框，如图 5-1-2（a）所示。在实际使用时，有时画单线矩形框，有时画一条横线表示功能图的开始。

（2）工作状态。工作状态是控制系统正常运行时的状态，如图 5-1-2（b）所示。根据系统是否运行，状态可分为动态和静态两种。动态是指当前正在运行的状态，静态是没有运行的状态。不管控制程序中包括多少个工作状态，在一个状态序列中，同一时刻最多只有一个工作状态在运行中，即该状态被激活。

（3）与状态对应的动作。在每个稳定的状态下，可能会有相应的动作。动作的表示方法如图 5-1-2（b）所示。

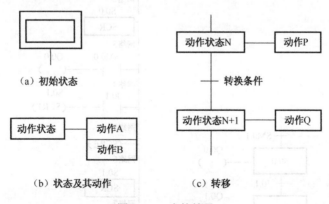

图 5-1-2　步的符号

（4）转移。为了说明从一个状态到另一个状态的变化，要用转移概念，即用一个有向线段来表示转移的方向，连接前后两个状态。如果转移是从上向下的（或顺向的），则有向线段上的方向箭头可省略。两个状态之间的有向线段上再用一段横线表示这一转移。转移的符号如图 5-1-2（c）所示。 转移是一种条件，当此条件成立，称为转移使能。该转移如果能够使状态发生转移，则称为触发。一个转移能够触发必须满足：状态为动态及转移使能。转移条件是指使系统从一个状态向另一个状态转移的必要条件，通常用文字、逻辑方程及符号来表示。

（5）跳转与循环。向下面非相邻状态的直接转移或者向系列外的状态转移被称为跳转，以箭头符号表示转移的目标状态，如图 5-1-3（a）所示。向上面状态的转移被称为循环，与跳转一样，用箭头符号表示转移的目标状态，如图 5-1-3（b）所示。

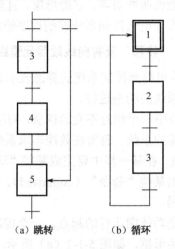

（a）跳转　　　　　（b）循环

图 5-1-3　跳转与循环

2．单序列结构

单序列由一系列相继激活的步组成，是最简单的一种顺序功能图，如图 5-1-4（a）所示。每一步的后面仅接有一个转换，每一个转换的后面只有一个步。梯形图如图 5-1-4（b）所示。

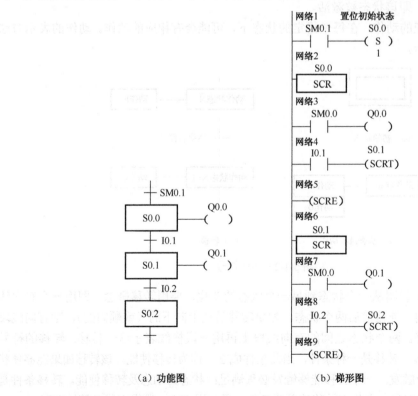

（a）功能图　　　　　　　（b）梯形图

图 5-1-4　单序列

3．设计顺序功能图的方法和步骤

（1）将整个控制过程按任务要求分解，其中的每一个工序都对应一个状态（即步），并分配辅助继电器。

（2）搞清楚每个状态的功能、作用。状态的功能是通过 PLC 驱动各种负载来完成的，负载可由状态元件直接驱动，也可由其他软触点的逻辑组合驱动。

（3）找出每个状态的转移条件和方向，即在什么条件下将下一个状态"激活"。状态的转移条件可以是单一的触点，也可以是多个触点的串、并联电路的组合。

（4）根据控制要求或工艺要求，画出顺序功能图。

4．绘制顺序功能图时的注意事项

（1）两个相邻步不能直接相连，必须用一个转换条件将它们分开。

（2）两个转换之间也不能直接相连，必须用一个步隔开。

（3）顺序功能图中必须有初始步，如没有，系统将无法开始和返回。

（4）转换实现的条件是前级步为活动步和转换条件得到满足，两者缺一不可。

（5）设计的顺序功能图必须要由步和有向连线组成闭合回路，使系统能够多次重复执行同一工艺过程，不出现中断的现象。

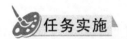任务实施

一、根据控制要求，画出 I/O 分配表（表 5-1-2）

表 5-1-2　I/O 分配表

输　　入			输　　出		
输入继电器	输入元件	作　用	输出继电器	输出元件	控制对象
I0.0	SB1	启动按钮	Q0.0	KM1	装料接触器线圈
I0.1	SB2	停止按钮	Q0.1	KM2	右行接触器线圈
I0.2	SQ2	右限位开关	Q0.2	KM3	卸料接触器线圈
I0.3	SQ1	左限位开关	Q0.3	KM4	左行接触器线圈

二、硬件设计

首先选择 PLC 类型及输出类型。在该系统要求中只有四个输入及四个输出，考虑到经济性，继电器输出类型即可满足，因此可以选用 CPU222。电气原理图如图 5-1-5 所示。

三、软件设计

根据控制要求可以用基本指令完成，这里采用顺控指令，并采用单系列结构。编程时需要注意的是状态转换条件的设置及如何实现循环功能。顺序功能图如图 5-1-6 所示。根据功能图可以应用顺序控制指令编程。梯形图如图 5-1-7 所示。

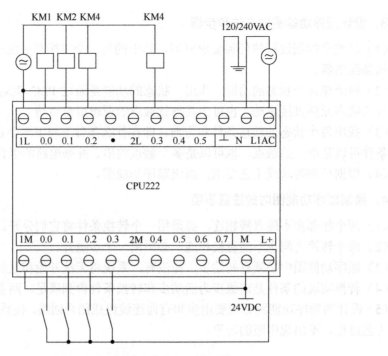

图 5-1-5　运料小车的电气原理图

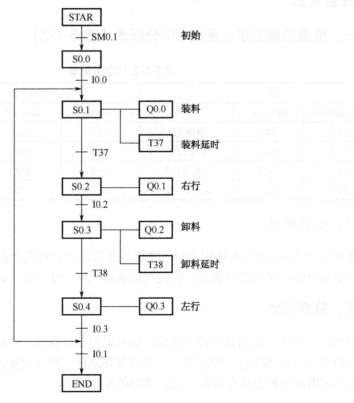

图 5-1-6　运料小车的顺序功能图

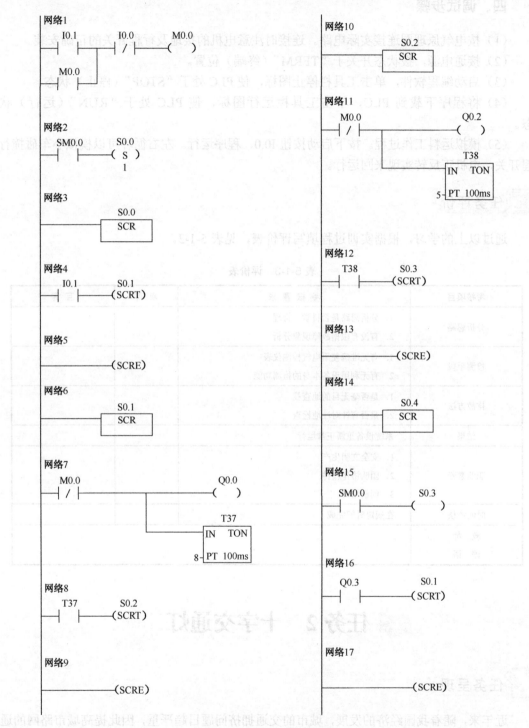

图 5-1-7 运料小车的梯形图

四、调试步骤

（1）按电气原理图连接实际电路。连接时注意电机的接地及行程开关的正确安装。

（2）接通电源，拨状态开关于"TERM"（终端）位置。

（3）启动编程软件，单击工具栏停止图标，使 PLC 处于"STOP"（停止）状态。

（4）将程序下载到 PLC，单击工具栏运行图标，使 PLC 处于"RUN"（运行）状态。

（5）模拟运料工作过程。按下启动按钮 I0.0，程序运行。左右循环可以模拟小车碰撞行程开关，电机正反转实现来回运行。

任务评价

通过以上的学习，根据实训过程填写评价表，见表 5-1-3。

表 5-1-3　评价表

考核项目	考核要求	自评	互评
分析思路	1. 分析思路是否科学、合理 2. 有没有根据故障现象分析		
检测手段	1. 有无准确使用电气检测仪表 2. 有无利用设备本身的检测功能		
排故方法	1. 是否毫无目的地查找 2. 是否有针对性地检查		
结果	系统设备重新正常运行		
职业素养	1. 安全文明生产 2. 团队协作精神 3. 创新精神		
时间考核	在规定时间完成		
教　师 评　语			

任务2　十字交通灯

任务呈现

近年来，随着我国经济的发展，城市的交通拥挤问题日趋严重，因此提高城市路网的通行能力、实现道路交通的科学化管理迫在眉睫。如果应用单片机控制系统，则要求从软件到基础硬件进行设计，且道路环境中电磁干扰复杂，调试及实现稳定运行十分不易；而 PLC 的硬件部分已经基本解决，况且具有可靠性高、维护方便、用法简单、通用性强等特点。因此，本任务中采用 PLC 作为控制系统，根据城市交通的实际情况，设计出控制快速路十字路口车辆、行人通行的交通灯，减少相互干扰，提高路口的通行能力。

控制要求如下：按下运行按钮，系统启动，首先南北方向信号灯与东西方向信号灯同时工作。在 0~50s 期间，南北信号绿灯亮，东西信号红灯亮；在 50~60s 期间，南北信号黄灯亮，东西信号红灯亮；在 60~110s 期间，南北信号红灯亮，东西信号绿灯亮；在 110~120s 期间，南北信号红灯亮，东西信号黄灯亮。交通信号灯一个工作周期为 120s，然后按周期循环，如图 5-2-1 所示。

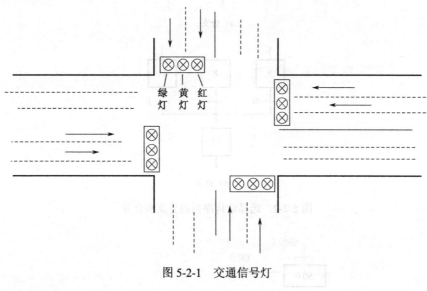

图 5-2-1 交通信号灯

🍎 知识准备

一、选择结构序列

选择结构序列的开始称为选择分支，如图 5-2-2（a）所示。转换符号只能标在水平连线之下。如果步 5 是激活的，并且转换条件 e=1，则发生由步 5 到步 6 的进展。如果步 5 是活动的，并且 f=1，则发生由步 5 到步 9 的进展。在选择序列的分支时，一般只允许同时选择一个序列。

选择结构序列的结束称为选择合并，如图 5-2-2（b）所示。几个选择结构序列合并到一个公共序列时，用与需要重新组合的序列相同数量的转换符号和水平连线来表示。转换符号只允许标在水平连线之上。如果步 5 是活动的，并且转换条件 m=1，则发生由步 5 到步 12 的进展。如果步 8 是活动的，并且 n=1，则发生由步 8 到步 12 的进展。选择结构序列功能图范例如图 5-2-3 所示。梯形图如图 5-2-4 所示。

当几个顺序结构序列，根据不同的控制条件先后选择执行时，这种序列称为选择结构序列，如图5-2-2所示，以使分支、合并。其序列的分支和合并如下。

在步5之后集中有三个分支，当步5活动时，根据控制条件e、f、g的状态来选择进入哪一分支，这种分支一般只允许选择进入一个序列，因此在画功能图时，被选序列的控制条件之间应互相排斥，不能同时为1，如图5-2-2（a）所示。当步5为活动步时，若e为1，则步序列6为活动步；若f为1，则步序列9为活动步；若g为1，则步序列11为活动步，如图5-2-2所示。

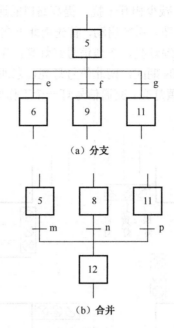

（a）分支

（b）合并

图 5-2-2 选择结构序列的分支和合并

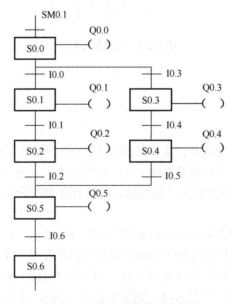

图 5-2-3 选择结构序列功能图

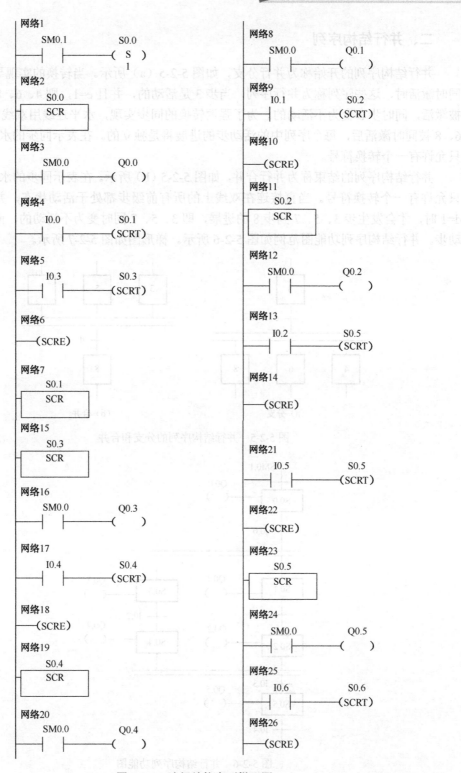

图 5-2-4 选择结构序列梯形图

二、并行结构序列

并行结构序列的开始称为并行分支，如图5-2-5（a）所示。当转换的实现导致几个序列同时激活时，这些序列称为并行序列。当步3是活动的，并且e=1，则4、6、8这三步同时被激活，同时步3变为不活动的。为了强调转换的同步实现，水平连线用双线表示。步4、6、8被同时激活后，每个序列中的活动步的进展将是独立的。在表示同步的水平双线之上，只允许有一个转换符号。

并行结构序列的结束称为并行合并，如图5-2-5（b）所示。在表示同步的水平双线之下，只允许有一个转换符号。当直接连在双线上的所有前级步都处于活动状态，并且转换条件d=1时，才会发生步3、5、7到步8的进展，即3、5、7同时变为不活动的，而步8变为活动步。并行结构序列功能图范例如图5-2-6所示。梯形图如图5-2-7所示。

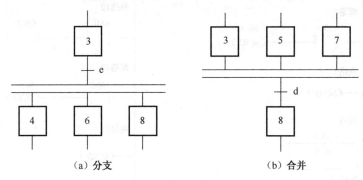

（a）分支　　　　　　　　（b）合并

图 5-2-5　并行结构序列的分支和合并

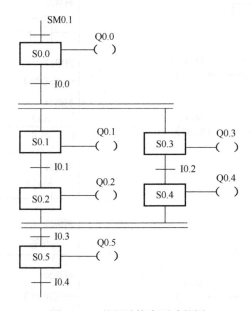

图 5-2-6　并行结构序列功能图

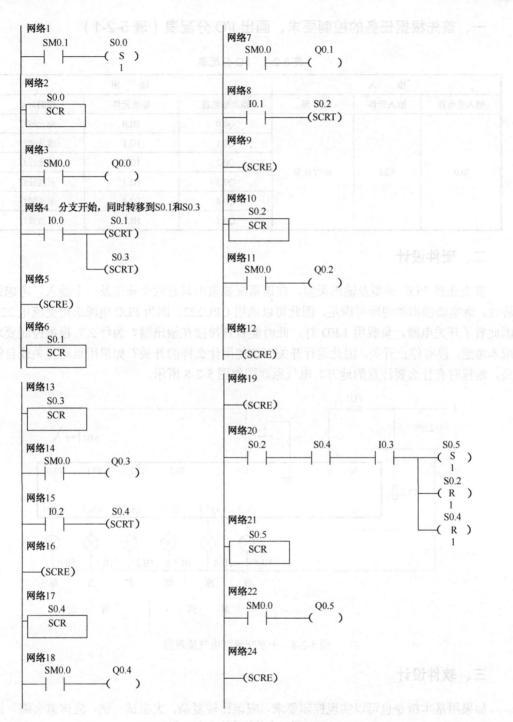

网络1
```
SM0.1      ( S )
              1
```

网络2
```
S0.0
SCR
```

网络3
```
SM0.0      Q0.0
            ( )
```

网络4　分支开始，同时转移到S0.1和S0.3
```
I0.0       S0.1
           (SCRT)

           S0.3
           (SCRT)
```

网络5
```
(SCRE)
```

网络6
```
S0.1
SCR
```

网络13
```
S0.3
SCR
```

网络14
```
SM0.0      Q0.3
            ( )
```

网络15
```
I0.2       S0.4
           (SCRT)
```

网络16
```
(SCRE)
```

网络17
```
S0.4
SCR
```

网络18
```
SM0.0      Q0.4
            ( )
```

网络7
```
SM0.0      Q0.1
            ( )
```

网络8
```
I0.1       S0.2
           (SCRT)
```

网络9
```
(SCRE)
```

网络10
```
S0.2
SCR
```

网络11
```
SM0.0      Q0.2
            ( )
```

网络12
```
(SCRE)
```

网络19
```
(SCRE)
```

网络20
```
S0.2   S0.4   I0.3      S0.5
                        ( S )
                          1
                        S0.2
                        ( R )
                          1
                        S0.4
                        ( R )
                          1
```

网络21
```
S0.5
SCR
```

网络22
```
SM0.0      Q0.5
            ( )
```

网络24
```
(SCRE)
```

图 5-2-7　并行结构序列梯形图

任务实施

一、首先根据任务的控制要求，画出 I/O 分配表（表 5-2-1）

表 5-2-1 I/O 分配表

输　入			输　出		
输入继电器	输入元件	作　用	输出继电器	输出元件	控制对象
			Q0.0	HL0	南北绿灯
			Q0.1	HL1	南北黄灯
			Q0.2	HL2	南北红灯
I0.0	SB1	运行开关	Q0.3	HL3	东西红灯
			Q0.4	HL4	东西绿灯
			Q0.5	HL5	东西黄灯

二、硬件设计

首先选择 PLC 类型及输出类型。在该系统要求中只有六个输出及一个输入，考虑到经济性，继电器输出类型即可满足，因此可以选用 CPU222。因为 PLC 电源选用交流电 220V，因此省了开关电源。负载用 LED 灯，此时能否直接接在输出端？为什么？根据控制要求及成本考虑，没有停止开关，因此运行开关应该使用什么样的开关？如果用点动开关或自锁开关，编程时有什么要注意的地方？电气原理图如图 5-2-8 所示。

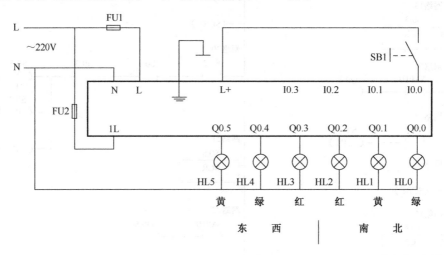

图 5-2-8 十字交通灯电气原理图

三、软件设计

如果用基本指令也可以实现控制要求，应该比较复杂，大家试一试，应该怎么编？这里使用顺序控制指令，且结构采用并行控制方式。顺序功能图如图 5-2-9 所示。

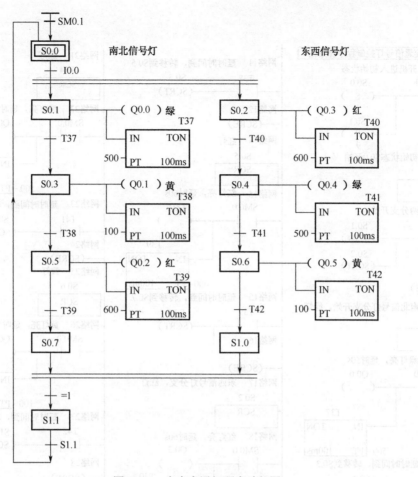

图 5-2-9　十字交通灯顺序功能图

　　根据功能图应用顺序控制指令及定时器指令编程，满足控制要求。编程关键是：S0.7 和 S1.0 转到 S1.1 状态时，S0.7 和 S1.0 是串联的关系，同时执行结果要使 S0.7 和 S1.0 复位，且要跳到 S1.1 置位状态。应充分利用 R、S 指令。当然也可以用传送指令完成。梯形图如图 5-2-10 所示。

四、调试步骤

　　（1）按电气原理图连接实际电路。连接时注意公共点的连接及接地的牢靠性。

　　（2）接通电源，拨状态开关于"TERM"（终端）位置。

　　（3）启动编程软件，单击工具栏停止图标，使 PLC 处于"STOP"（停止）状态。

　　（4）将程序下载到 PLC。下载之前要求设置好通信串口、PLC 的类型等相关参数，特别是当显示下载失败时要检查相关项目。

　　（5）单击工具栏运行图标，使 PLC 处于"RUN"（运行）状态。可以让程序在监控状态下运行，方便我们查找故障及元件的状态。

　　（6）模拟交通信号灯工作过程。按下启动按钮 I0.0，程序运行，相应信号灯循环亮灭。如果监控状态有输出，但输出灯不亮，应该怎么检查？

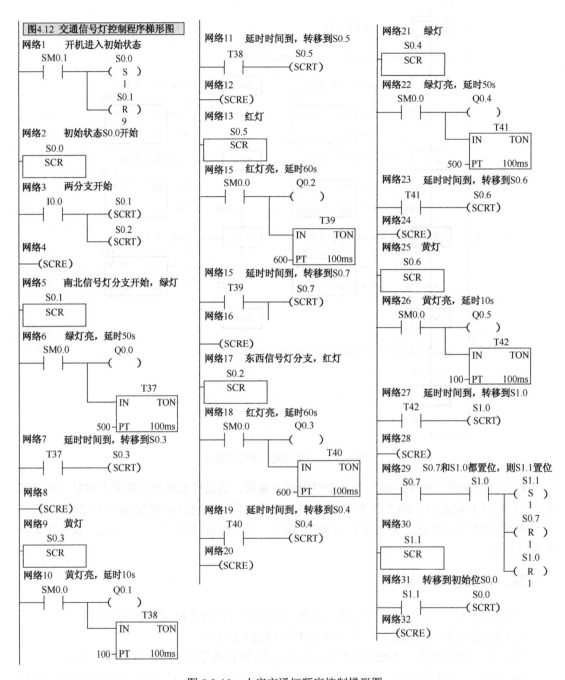

图 5-2-10 十字交通灯顺序控制梯形图

任务评价

通过以上的学习，根据实训过程填写评价表，见表5-2-2。

表 5-2-2　评价表

考核项目	考核要求	自评	互评
电路设计	1．I/O 分配正确合理 2．输入输出接线图正确 3．联锁、保护电路完备		
安装工艺	1．元件选择及布局合理 2．接点牢固，接触良好		
程序编写	1．程序实现控制功能 2．操作步骤正确		
调试	接负载试车成功		
职业素养	1．安全文明生产 2．团队协作精神 3．创新精神		
时间考核	在规定时间完成		
教　师 评　语			

项目总结

　　该项目中主要学习了顺序控制功能指令、顺序控制功能图及结构分类。其中，顺序控制功能图由状态、动作、有向连线、转换条件组成，按结构分类有单流程、选择结构、并行结构。其中要注意的是：并行结构是只要转换条件满足，可同时向多个分支转移；而汇合是要等所有分支都执行完毕后，才能同时转移到下一个状态。许多设备的控制过程其实都可以分解成一步一步实施，因此顺控指令是应用十分广泛的指令。

阅读材料

LED

　　LED（Light Emitting Diode）即发光二极管，是一种能够将电能转化为可见光的固态的半导体器件，它可以直接把电转化为光。LED 的心脏是一个半导体的晶片，晶片的一端附在一个支架上，一端是负极，另一端连接电源的正极，使整个晶片被环氧树脂封装起来。半导体晶片由两部分组成：一部分是 P 型半导体，在它里面空穴占主导地位；另一部分是 N 型半导体，在这边主要是电子。但这两种半导体连接起来的时候，它们之间就形成一个 P-N 结。当电流通过导线作用于这个晶片的时候，电子就会被推向 P 区，在 P 区里电子跟空穴复合，然后就会以光子的形式发出能量，这就是 LED 灯发光的原理。而光的波长也就是光的颜色，是由形成 P-N 结的材料决定的。

　　最初 LED 用做仪器仪表的指示光源，后来各种光色的 LED 在交通信号灯和大面积显示屏中得到了广泛应用，产生了很好的经济效益和社会效益。以 12 英寸的红色交通信号灯为例，在美国本来是采用长寿命、低光效的 140 瓦白炽灯作为光源，它产生 2000 流明的白光。经红色滤光片后，光损失 90%，只剩下 200 流明的红光。而在新设计的灯中，Lumileds 公司采用了 18 个红色 LED 光源，包括电路损失在内，共耗电 14 瓦，即可产生同样的光效。汽车信号灯也是 LED 光源应用的重要领域。LED 灯的特点是：节能、长寿、固态封装、环保等。未来，LED 灯会代替白炽灯及日光灯成为最重要的光源。

课后练习

1. 设计三台电动机顺序控制系统。要求：按下按钮 SB1，电动机 1 起动；当电动机 1 起动后，按下按钮 SB2，电动机 2 起动；当电动机 2 起动后，按下按钮 SB3，电动机 3 起动；当三台电动机起动后，按下按钮 SB4，电动机 3 停止；当电动机 3 停止后，按下按钮 SB5，电动机 2 停止；当电动机 2 停止后，按下按钮 SB6，电动机 1 停止。三台电动机的起动和停止分别由接触器 KM1、KM2、KM3 控制。画出功能图及梯形图（要求应用顺控指令）。

2. 星—三角降压启动控制系统。要求：当按下起动按钮 SB1 时，电动机 Y 形连接起动，6s 后自动转为△形连接运行。当按下停止按钮 SB2 时，电动机停止。画出功能图及梯形图（要求应用顺控指令）。

3. 设计工作台前进、退回的控制系统（要求应用顺控指令）。工作台由电动机 M 拖动，行程开关 1ST、2ST 分别装在工作台的原位和终点。要求：（1）能分别实现前进—后退—停止到原位；（2）工作台前进到达终点后停一下再后退；（3）工作台在前进中可以人为地立即后退到原位；（4）有终端保护。画出功能图及梯形图。

项目 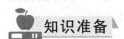 功能指令应用

项目描述

在工业自动化控制领域中，许多场合需要数据运算和特殊处理，因此现代 PLC 中引用功能指令（或称应用指令）。功能指令主要用于数据的传送、运算、变换及程序控制功能。利用 PLC 的功能指令可以实现较复杂的控制任务

该项目通过霓虹灯、停车场、水泵、机械手四个任务来学习功能指令。重点学习常用的传送指令、比较指令、移位指令及程序控制指令。

任务 1 霓虹灯

任务呈现

霓虹灯是由英文"氖灯"，即"NEON SIGN"得来的。霓虹灯是城市的"美容师"，每当夜幕降临、华灯初上，五颜六色的霓虹灯就把城市装扮得格外美丽。霓虹灯广告屏是采用霓虹灯管做成的，由各种形状和多种色彩的灯管再配合广告语或大型宣传画来达到宣传的效果。PLC 可以实现霓虹灯的亮灭、闪烁时间及流动方向的控制要求。

控制要求：按下启动按钮霓虹灯开始运行，按下停止按钮霓虹灯关闭。系统开启时，先是 8 根灯管同时点亮，保持 5s，然后每隔 1s 关闭 1 根，全部熄灭后等待 2s，又重新开始。该系统可随时手动关闭并复位。

知识准备

一、霓虹灯

霓虹灯是一种低气压冷阴极辉光放电灯。它的结构和部件为正常辉光放电提供保证，其中的工作物质是得到所需要的光色提供可能。霓虹灯由灯管和高压变压器组成。灯管由玻管、电极室组成。电极室由电极、云母片（或瓷环）和电极引线组成。玻管内充有工作气体，玻管内壁有的涂有荧光粉。

二、相关指令

1. 数据传送指令

数据传送指令如图 6-1-1 所示。

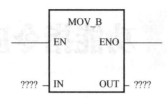

图 6-1-1　数据传送指令

MOV_B：用来传送单个的字节。

IN：VB，IB，QB，MB，SB，SMB，LB，AC，常量。

OUT：VB，IB，QB，MB，SB，SMB，LB，AC。

EN：使能端。

使能输入有效时，即 EN=1 时，将一个输入 IN 的字节、字/整数、双字/双整数或实数送到 OUT 指定的存储器输出。在传送过程中不改变数据的大小。传送后，输入存储器 IN 中的内容不变。

2. 左移位指令

左移位指令如图 6-1-2 所示。

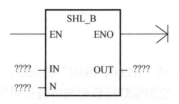

图 6-1-2　左移位指令

SHL_B：左移位数据存储单元与 SM1.1（溢出）端相连，移出位被放到特殊标志存储器 SM1.1 位。移位数据存储单元的另一端补 0。

使能输入有效时，将输入 IN 的无符号数字节、字或双字中的各位向左移 N 位后（右端补 0），将结果输出到 OUT 所指定的存储单元中，如果移位次数大于 0，最后一次移出位保存在"溢出"存储器位 SM1.1。如果移位结果为 0，零标志位 SM1.0 置 1。

3. 递增字节指令

递增字节指令如图 6-1-3 所示。

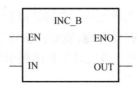

图 6-1-3　递增字节指令

INC_B：用于对输入无符号数字节进行加 1 的操作。在输入字节（IN）上加 1，并将结果置入 OUT 指定的变量中。

4．特殊标志继电器 SM

特殊标志继电器使用特殊存储器可以选择或控制 PLC 的一些特殊功能。不同型号的 PLC 所具有的特殊存储器的位数不同，以 CPU224 为例，共 4 400 位，采用八进制（SM0.0～SM0.7，…，SM549.0～SM549.7）。例如：特殊存储器 SM0.0 在程序运行时一直为接通状态，SM0.1 仅在执行用户程序的第一个扫描周期为接通状态，SM0.4、SM0.5 可以分别产生占空比为 1/2、脉冲周期为 1min 和 1s 的脉冲周期信号，如图 6-1-4 所示。

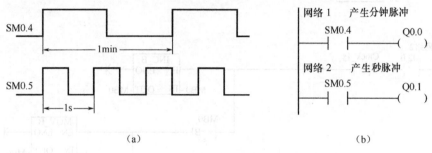

图 6-1-4　特殊标志继电器的使用

任务实施

一、首先根据任务的控制要求，画出 I/O 分配表（表 6-1-1）。

表 6-1-1　I/O 分配表

编程元件	I/O 端子	电路器件	作用
输 入	I0.0	SB1	启动按钮
	I0.1	SB2	停止按钮
输 出	Q0.0	HL0	灯管 1
	Q0.1	HL1	灯管 2
	Q0.2	HL2	灯管 3
	Q0.3	HL3	灯管 4
	Q0.4	HL4	灯管 5
	Q0.5	HL5	灯管 6
	Q0.6	HL6	灯管 7
	Q0.7	HL7	灯管 8

二、硬件设计

首先选择 PLC 类型及输出类型。在该系统要求中只有两个输入及八个输出，考虑到经济性，继电器输出类型即可满足，选用 200 系列中哪一型号比较合理？负载是霓虹灯，此时能否直接接在输出端？需不需要电气隔离，增强抗干扰？为什么？如何加强抗干扰？电路原理图省略。

三、软件设计

该系统控制要求比较简单，循环亮灭的控制模式可以考虑综合应用传送指令及循环移位指令，使程序简单明了。时间控制上，当然可以用定时器，但如果需要秒脉冲时应用 S7-200 本身特殊的继电器更加方便。

梯形图如图 6-1-5 所示。

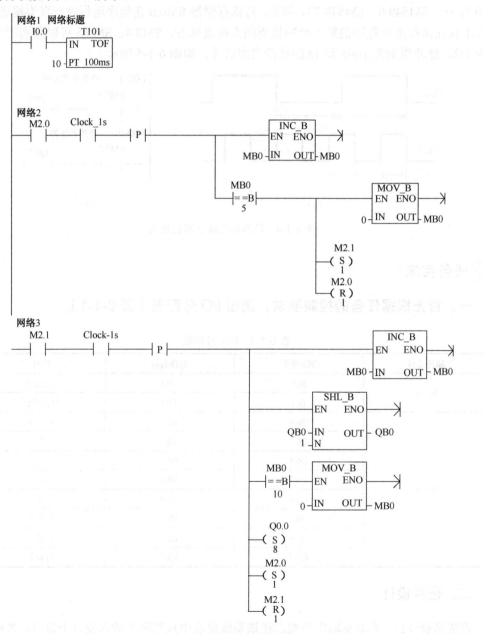

图 6-1-5　霓虹灯控制梯形图

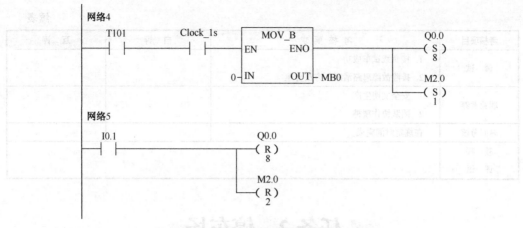

图 6-1-5 霓虹灯控制梯形图（续）

四、编程思考

（1）为了防止按下按钮时有抖动干扰，程序中如何实现？

（2）程序中的时间 5s、1s、2s 如何实现？是不是用定时器？用 SM0.5 的好处在哪里？为什么程序中没有出现 SM0.5？

（3）在程序中如何确保灯同步亮？用上升沿指令的目的是什么？如果不用上升沿会出现什么情况？用传送指令的好处在哪里？

五、调试步骤

（1）按自己所画的电气原理图接线。

（2）接通电源，拨状态开关于"TERM"（终端）位置。

（3）启动编程软件，单击工具栏停止图标，使 PLC 处于"STOP"（停止）状态。

（4）将程序下载到 PLC，单击工具栏运行图标，使 PLC 处于"RUN"（运行）状态。

（5）按下启动按钮，监控程序运行，看是否满足控制要求。如果不行，则查找排除故障直到调试成功。

任务评价

通过以上的学习，根据实训过程填写评价表，见表 6-1-2。

表 6-1-2　评价表

考核项目	考 核 要 求	自 评	互 评
电路设计	1. I/O 分配正确合理		
	2. 输入输出接线图正确		
	3. 有无电气隔离措施及抗干扰电路		
安装工艺	1. 元件选择及布局合理		
	2. 接点牢固，接触良好		
程序编写	1. 程序实现控制功能		
	2. 程序简单明了		
	3. 自己独立完成的程序，没有照抄已有程序		

续表

考核项目	考核要求	自评	互评
调试	1. 接负载试车成功 2. 排除故障思路清晰、方法合理		
职业素养	1. 安全文明生产 2. 团队协作精神		
时间考核	在规定时间完成		
教师评语			

任务2 停车场

任务呈现

随着社会发展和人民生活水平的提高，拥有私人车辆已不再是遥不可及的梦想。目前已经有越来越多的家庭或个人拥有车辆，在出行变得方便的同时，停车却成了开车人要面临的棘手问题，因此解决停车难就成了小区物业管理首先要考虑的一个问题。停车场车位控制系统要求技术较先进、性能可靠、自动化的程度较高。现设计一个小区停车场车位控制系统。

控制要求：车库能容纳16辆小车，每当有小车进出入口时能检测到小车，并及时显示车库内车位数。如果车库满位。闸栏不能开启，并有红灯指示亮。如果还有空车位，则绿灯指示亮，且小车到入口时闸栏能自动开启。车库示意图如图6-2-1所示。

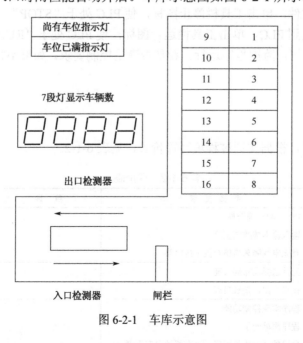

图 6-2-1 车库示意图

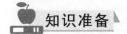

一、光电开关

光电开关是传感器大家族中的成员，它把发射端和接收端之间光的强弱变化转化为电流的变化以达到探测的目的。由于光电开关输出回路和输入回路是电隔离的（即电绝缘），所以它可以应用在许多场合。它是利用被检测物对光束的遮挡或反射，由同步回路选通电路，从而检测物体有无的。物体不限于金属，所有能反射光线的物体均可被检测。光电开关将输入电流在发射器上转换为光信号射出，接收器再根据接收到的光线的强弱或有无对目标物体进行探测。它可分为漫反射式、镜反射式、对射式、槽式、光纤式。对射式光电开关包含了在结构上相互分离且光轴相对放置的发射器和接收器，发射器发出的光线直接进入接收器，当被检测物体经过发射器和接收器之间且阻断光线时，光电开关就产生了开关信号。当检测物体为不透明时，对射式光电开关是最可靠的检测装置。其实物如 6-2-2 所示。

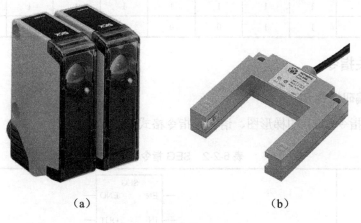

（a）　　　　　　　　　　　　（b）

图 6-2-2　对射式光电开关

二、数码管

在生产实际中，数码显示是人机对话的主要方式之一。由于人们对十进制最熟悉，所以常采用十进制数码来显示各种参数、进程或结果。七段数码管可以显示数字 0～9，十六进制数字 A～F。如图 6-2-3 所示为 LED 组成的七段数码管外形和内部结构，七段数码管分共阳极结构和共阴极结构。以共阴极数码管为例，当 a、b、c、d、e、f 段接高电平发光，g 段接低电平不发光时，显示数字"0"；当七段均接高电平发光时，则显示数字"8"。

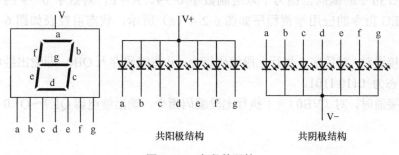

共阳极结构　　　　　　　　　共阴极结构

图 6-2-3　七段数码管

表 6-2-1 所示为十进制数码与七段显示电平和显示代码的逻辑关系。

表 6-2-1　十进制数码与七段显示电平和显示代码逻辑关系

十进制数码	七段显示电平							16 进制显示代码
	g	f	e	d	c	b	a	
0	0	1	1	1	1	1	1	16#3F
1	0	0	0	0	1	1	0	16#06
2	1	0	1	1	0	1	1	16#5B
3	1	0	0	1	1	1	1	16#4F
4	1	1	0	0	1	1	0	16#66
5	1	1	0	1	1	0	1	16#6D
6	1	1	1	1	1	0	1	16#7D
7	0	0	0	0	1	1	1	16#07
8	1	1	1	1	1	1	1	16#7F
9	1	1	0	0	1	1	1	16#67

三、相关指令

1. 七段编码指令 SEG

七段编码指令 SEG 的梯形图、语句等指令格式见表 6-2-2。

表 6-2-2　SEG 指令格式

梯形图	
描　　述	使能输入有效时，将字节型数据输入 IN 的低 4 位有效数字产生相应的七段显示码，并将其输出到 OUT 指定的单元中

对七段编码指令 SEG 说明如下：

（1）IN 为要编码的源操作数，OUT 为存储七段编码的目标操作数。IN、OUT 数据类型为字节（B）。

（2）SEG 指令是对 4 位二进制数编码，如果源操作数大于 4 位，只对最低 4 位编码。

（3）SEG 指令的编码范围为十六进制数字 0～9、A～F，对数字 0～9 的七段编码见表 6-2-1，SEG 指令的应用举例程序如图 6-2-4（a）所示，状态监控表如图 6-2-4（b）所示。

当 I0.0 接通时，对数字 5 执行七段编码指令，并将编码存入 QB0，即输出继电器 Q0.7～Q0.0 的位状态为 0110 1101。

当 I0.1 接通时，对（VB0）= 1 执行七段编码指令，输出继电器 Q1.7～Q1.0 的位状态为 0000 0110。

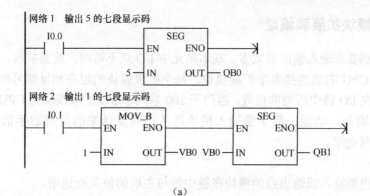

（a）

	地址	格式	当前值
1	QB0	二进制	2#0110_1101
2	QB1	二进制	2#0000_0110

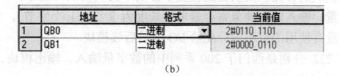

（b）

图 6-2-4　七段编码指令 SEG 应用举例

2．双整数除法指令

该指令如图 6-2-5 所示。

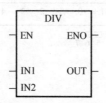

图 6-2-5　双整数除法指令

DIV：使能输入有效时，将两个 16 位整数相除，得出一个 32 位结果，从 OUT 指定的存储单元输出。其中，高 16 位放余数，低 16 位放商。

3．递减字节指令

递减字节指令如图 6-2-6 所示。

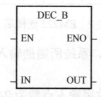

图 6-2-6　递减字节指令

DEC_B：用于对输入无符号数字节进行减 1 的操作。在输入字节（IN）上减 1，并将结果置入 OUT 指定的变量中。

四、I/O 模块扩展和编址

当系统控制要求输入输出量太多、基本单元中 I/O 点不够时，就要扩展：对于 CPU 22X 主机，可以在 CPU 右边连接多个扩展模块。每个扩展模块的组态地址编号取决于各模块的类型和该模块在 I/O 链中所处的位置。西门子 200 系列中 I/O 扩展模块为 CPU 内置 I/O 提供更多的数字量输入。功能：数字量输入模块把从过程发送来的外部数字信号电平转换成 S7-200 内部信号电平。

编址方法：

（1）同种类型输入或输出点的模块在链中按与主机的位置而递增。

（2）其他类型模块的有无以及所处的位置不影响本类型模块的编号。

（3）对于数字量、输入输出映象寄存器单位长度为 8 位（1 个字节），本模块高位实际位数未满 8 位的，没有使用的位不能分配给 I/O 链的后续模块。

EM 221、EM 222 分别是西门子 200 系列中的数字量输入、输出模块。EM222 连接端子图如图 6-2-7 所示。

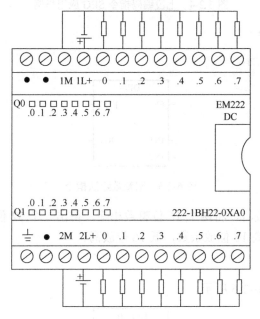

图 6-2-7　EM222 连接端子图

例如，某控制系统选用 CPU 224，系统所需的输入输出点数各为：数字量输入 24 点，数字量输出 20 点。如何扩展？

解：如果选用 224 则需要扩展的数字输入点数为 24-14=10，需要扩展的数字输出点数为 20-10=10。

方案一：EM221（8I）×2，EM222（8O）×2。

方案二：EM221（8I）×1，EM222（8O）×1。

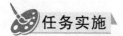

一、硬件设计

从控制要求中可以看出需要有启动、停止按钮，检测小车出入的光电传感器、闸栏上、下限位开关需要 6 个输入点，输出方面要输出车位满、有位 2 个指示灯、电动机正反转接触器及 2 个七段数码管共 18 个输出点。所以结合经济、够用的选型原则，选用 CPU222 及 2 个 EM222 模块来满足控制要求。I/O 分配表见表 6-2-3，原理图如 6-2-8 所示。

表 6-2-3　I/O 分配表

输　入			输　出		
输入继电器	输入元件	作　用	输出继电器	输出元件	控制对象
I0.0	SB1	启动	Q0.2	HL1	车位满指示灯
I0.5	SB2	停止	Q0.3	HL2	有车位指示灯
I0.1	SQ1	传感器 1 输入信号	Q0.0	KM1	电机正转接触器
I0.2	SQ2	传感器 2 输入信号	Q0.1	KM2	电机反转接触器
I0.3	SQ3	闸栏上限位信号	Q2.0-Q2.6	SEG1	七段数码管 1 信号
I0.4	SQ4	闸栏下限位信号	Q3.0-Q3.6	SEG2	七段数码管 2 信号

二、软件设计

根据具体控制要求，可以描述系统工作过程如下：

（1）入库车辆前进时，经过 1#传感器，此时车位尚未满的话，闸栏向上打开，当达到上限位置时，闸栏打开停止，同时车辆进入，经过 2#传感器，闸栏门向下关闭，达到下限位置时，闸栏门停止关闭，同时计数器 A 加 1。

（2）出库时，先经过 2#传感器，闸栏门向上打开，当达到上限的时候停止打开，同时车辆出闸门再经过 1#传感器，闸栏门向下关闭，当达到下限位时，闸栏门停止动作，计数器 B 减 1（计数器 B 的初始值由计数器 A 送来）；只经过一个传感器则计数器不动作。

（3）停车场启用时，先对所有用到的存储单元清零，并应有停车场空的显示。

（4）若设停车场容量为 16 辆车，则停车场满时应报警并显示。

（5）若同时有车辆相对入库和出库（即入库车辆经过 1#传感器，出库车辆经过 2#传感器），应避免误计数。

由工作过程可以作出停车场车位控制系统在启动运行时的控制程序流程图，如图 6-2-9 所示。

根据程序模块及停车场车位控制的逻辑关系，可绘出梯形图控制程序。程序如图 6-2-10 所示。

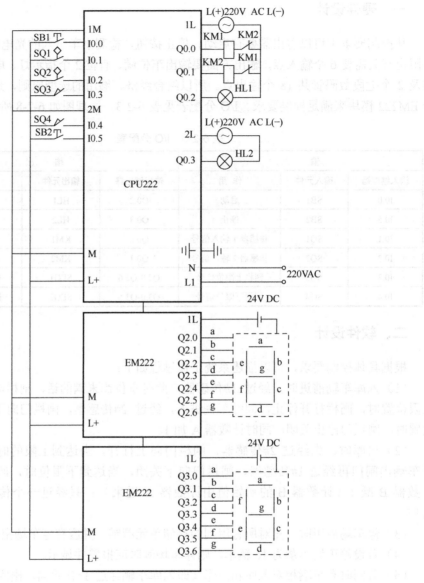

图 6-2-8　原理图

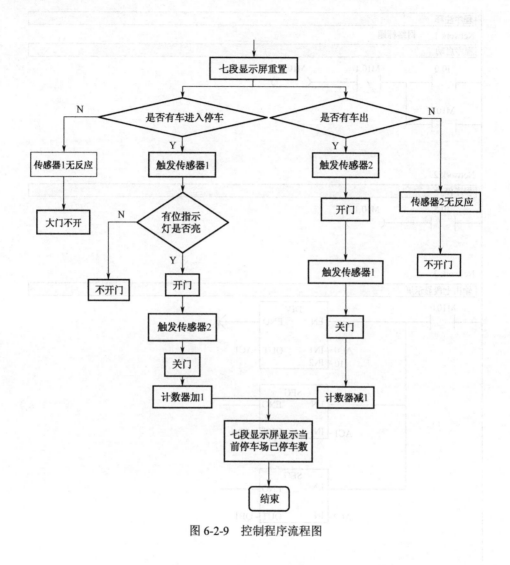

图 6-2-9 控制程序流程图

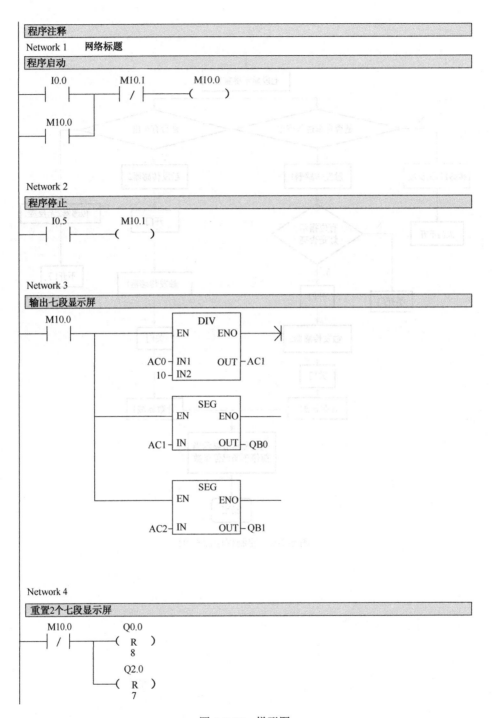

图 6-2-10　梯形图

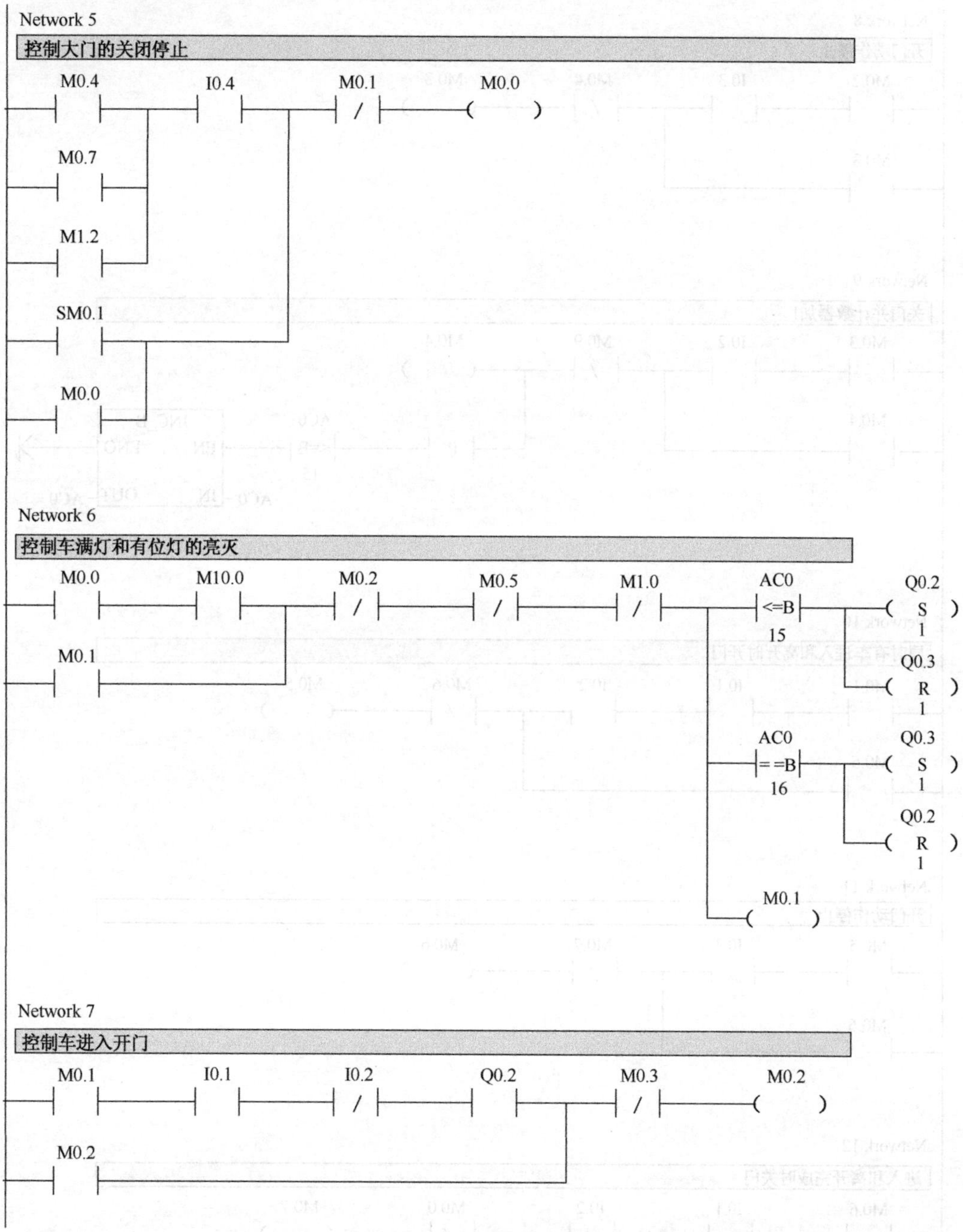

Network 5

控制大门的关闭停止

```
   M0.4      I0.4      M0.1      M0.0
   ┤├────┬──┤├──────┤/├──────(   )
                                    
   M0.7   │
   ┤├─────┤
          │
   M1.2   │
   ┤├─────┤
          │
   SM0.1  │
   ┤├─────┘
          
   M0.0
   ┤├
```

Network 6

控制车满灯和有位灯的亮灭

```
   M0.0     M10.0    M0.2     M0.5     M1.0     AC0        Q0.2
   ┤├───┬──┤├─────┤/├──────┤/├──────┤/├────┬─┤<=B├────┬──( S )
        │                                   │   15     │    1
   M0.1 │                                   │          │  Q0.3
   ┤├───┘                                   │          └──( R )
                                            │               1
                                            │   AC0        Q0.3
                                            ├─┤==B├────┬──( S )
                                            │   16     │    1
                                            │          │  Q0.2
                                            │          └──( R )
                                            │               1
                                            │   M0.1
                                            └──(   )
```

Network 7

控制车进入开门

```
   M0.1     I0.1     I0.2     Q0.2     M0.3     M0.2
   ┤├──────┤├──────┤/├────┬──┤├──────┤/├──────(   )
                          │
   M0.2                   │
   ┤├─────────────────────┘
```

图 6-2-10 梯形图（续）

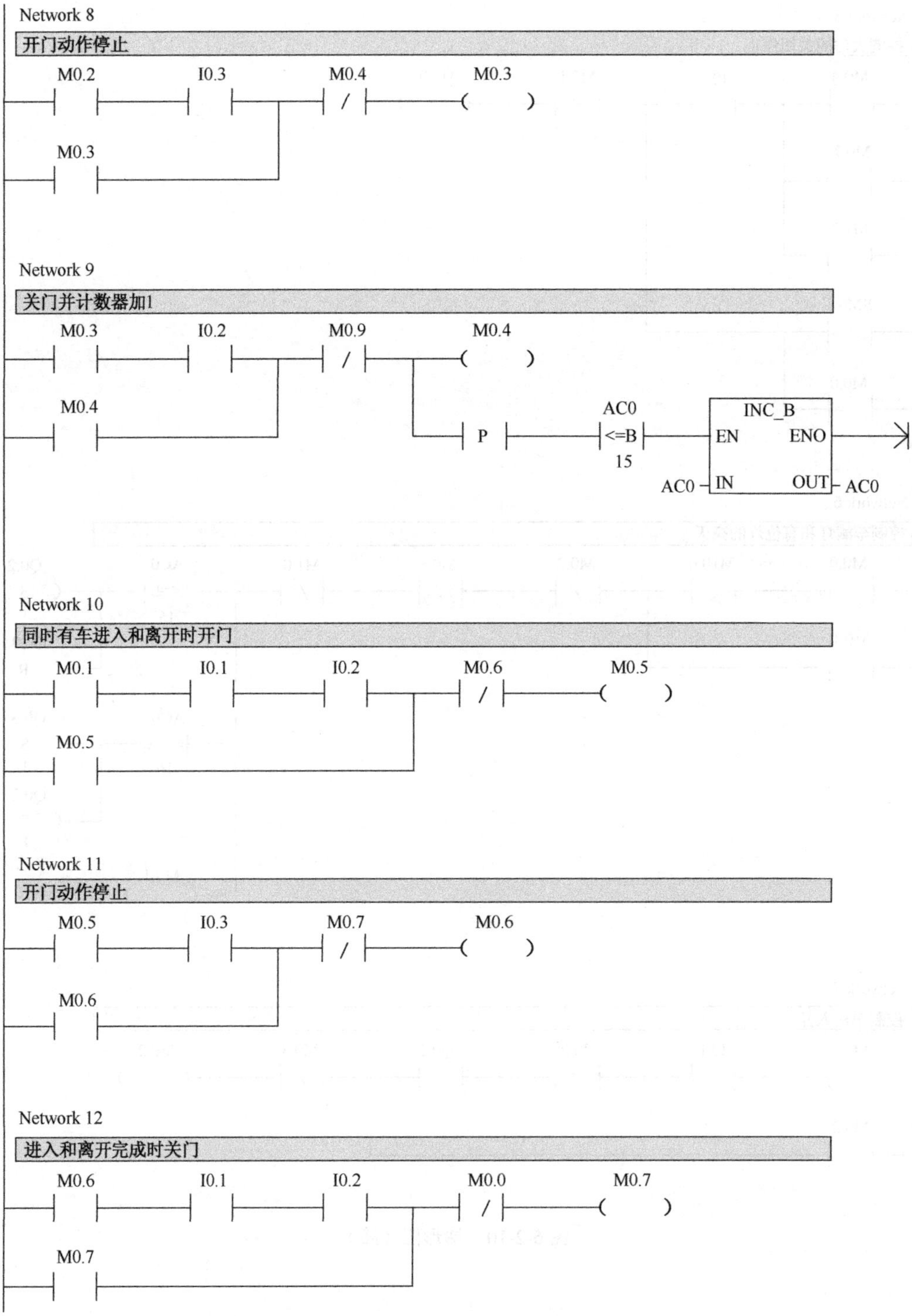

Network 8

开门动作停止

```
  M0.2      I0.3       M0.4      M0.3
──┤ ├──────┤ ├────┬───┤/├───────( )──
  M0.3             │
──┤ ├─────────────┘
```

Network 9

关门并计数器加1

```
  M0.3      I0.2       M0.9      M0.4
──┤ ├──────┤ ├────┬───┤/├───────( )──
  M0.4             │                              AC0        ┌──INC_B──┐
──┤ ├─────────────┤          ┤P├────┤<=B├────────┤EN    ENO├──────►
                                      15      AC0─┤IN    OUT├─AC0
```

Network 10

同时有车进入和离开时开门

```
  M0.1      I0.1       I0.2      M0.6      M0.5
──┤ ├──────┤ ├────────┤ ├───┬──┤/├───────( )──
  M0.5                      │
──┤ ├──────────────────────┘
```

Network 11

开门动作停止

```
  M0.5      I0.3       M0.7      M0.6
──┤ ├──────┤ ├────┬───┤/├───────( )──
  M0.6             │
──┤ ├─────────────┘
```

Network 12

进入和离开完成时关门

```
  M0.6      I0.1       I0.2      M0.0      M0.7
──┤ ├──────┤ ├────────┤ ├───┬──┤/├───────( )──
  M0.7                      │
──┤ ├──────────────────────┘
```

图 6-2-10　梯形图（续）

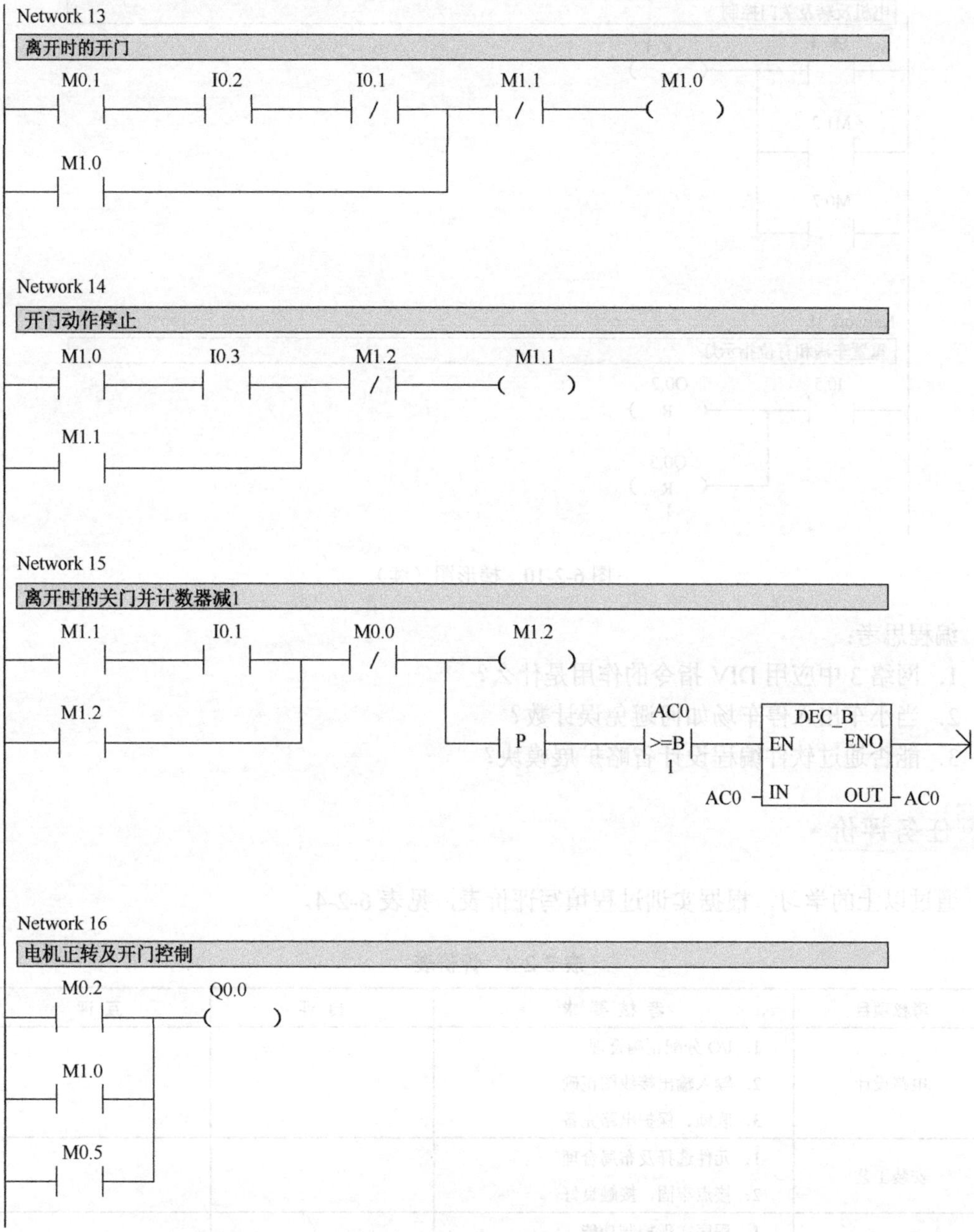

Network 13

离开时的开门

```
 M0.1      I0.2        I0.1       M1.1        M1.0
──┤ ├──────┤ ├────────┤/├────────┤/├────────(   )──
 M1.0
──┤ ├───────────────────────────┘
```

Network 14

开门动作停止

```
 M1.0      I0.3       M1.2       M1.1
──┤ ├──────┤ ├────────┤/├───────(   )──
 M1.1
──┤ ├──────────────────┘
```

Network 15

离开时的关门并计数器减1

```
 M1.1      I0.1       M0.0       M1.2
──┤ ├──────┤ ├────────┤/├───────(   )──
 M1.2                           ┌──AC0──┐
──┤ ├───────────────────┐       │ DEC_B │
                      ──┤P├──>=B─┤EN  ENO├──
                             1   │       │
                          AC0──┤IN  OUT├─AC0
```

Network 16

电机正转及开门控制

```
 M0.2      Q0.0
──┤ ├──────(   )──
 M1.0
──┤ ├──┐
 M0.5
──┤ ├──┘
```

图 6-2-10 梯形图（续）

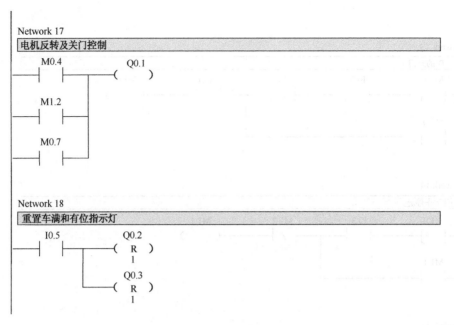

图 6-2-10　梯形图（续）

编程思考：

1. 网络 3 中应用 DIV 指令的作用是什么？

2. 当小车出入停车场如何避免误计数？

3. 能否通过软件编程设计省略扩展模块？

任务评价

通过以上的学习，根据实训过程填写评价表，见表 6-2-4。

表 6-2-4　评价表

考核项目	考 核 要 求	自 评	互 评
电路设计	1. I/O 分配正确合理 2. 输入输出接线图正确 3. 联锁、保护电路完备		
安装工艺	1. 元件选择及布局合理 2. 接点牢固，接触良好		
程序编写	1. 程序实现控制功能 2. 操作步骤正确		
调试	1. 接负载试车成功		
职业素养	1. 安全文明生产 2. 团队协作精神 3. 创新精神		
时间考核	1. 在规定时间完成		
教　师 评　语			

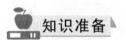

任务3 水泵

任务呈现

无论是重工业还是轻工业，无论是尖端科学技术还是日常的生活，到处都需要用水泵，到处都有水泵在运行，所以水泵是机械工业中重要产品之一。因此水泵的控制也是极其重要的。简单的控制一般采用继电器控制系统，但较复杂的控制都用 PLC 来完成。现模拟实现一个化工车间中用水泵来抽某种化学液体。

控制要求如下。

（1）具有手动/自动两种操作方式，有操作方式选择开关；当 SB3 处于断开状态时，选择手动操作方式；当 SB3 处于接通状态时，选择自动操作方式。

（2）手动操作进程：按启动按钮 SB2，电动机运转；按停止按钮 SB1，电动机停止。

（3）自动操作方进程：按启动按钮 SB2，电动机连续运转，工作五分钟后，再停五分钟，循环往复运行。

（4）按停止按钮 SB1，电动机立即停止。

知识准备

一、水泵

水泵是输送液体或使液体增压的机电设备，如图 6-3-1 所示。它将原动机的机械能或其他外部能量传送给液体，使液体能量增加。它主要用于输送液体，包括水、油、酸碱液、气体混合物以及含悬浮固体物的液体。根据不同的工作原理可分为容积水泵、叶片泵等类型。水泵性能的技术参数有流量、吸程、扬程、轴功率、水功率、效率等。在化工和石油企业的生产中，原料、半成品和成品大多是液体，而将原料制成半成品和成品，需要经过复杂的工艺过程，水泵在这些过程中起到了输送液体，为化学反应提供压力、流量的作用。

图 6-3-1 水泵

二、控制类型

（1）手动控制主要靠手动去实现。只是有些个别环节，如连锁保护、过限保护等可以自动实现。手动控制是一种最基本的控制方法，特别是在系统调试过程和维修过程中是必不可少的。

（2）半自动控制是一旦控制系统被启动起来之后，控制过程将自动完成，不需要人工去干预。但是，当一个周期完成以后，它会停止而不会继续启动系统运行。如果系统需要再次启动，则必须再次人工启动。所以有时把这种控制又叫做单次控制。这种控制在实际系统中很常见，它比手动控制方便，速度也很快。虽然比自动控制速度慢一些，但是，它在控制过程中进行参数的修改、调整比自动控制更方便。

（3）自动控制是一旦系统启动之后，就可以按照工程要求进行控制，整个控制过程无人工干预，一个循环之后可以自动启动下一个循环。由于整个过程无须人工干预，则对整个系统的输入/输出要求都很严格，系统的可靠性、安全性设计尤为重要。

三、跳转指令

在程序控制中若要求执行分支操作时程序要跳到某一处执行，则此时就要用到跳转指令，因此该指令可以使编程的灵活性大大提高。可根据对不同条件的判断，选择不同的程序段执行程序。跳转指令见表 6-3-1。

表 6-3-1　跳转指令

项　　目	跳　　转	标　　号
梯形图	N ———（ JMP ）	N ———［ LBL ］

指令使用说明如下。

（1）跳转指令：改变程序流程，使程序转移到具体的标号（N）处。当跳转条件满足时，程序由 JMP 指令控制转至标号 N 的程序段去执行。

（2）标号指令：标记转移目的地的地址。操作数 n 为 0～255。

（3）跳转指令和标号指令必须配合使用，而且只能使用在同一程序段中，如主程序、同一个子程序或同一个中断程序。不能在不同的程序段中互相跳转。

（4）执行跳转后，被跳过程序段中的各元器件的状态：

① Q、M、S、C 等元器件的位保持跳转前的状态；

② 计数器 C 停止计数，当前值存储器保持跳转前的计数值；

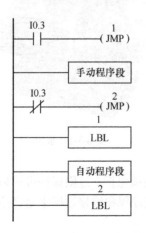

图 6-3-2　应用跳转指令的程序结构

③ 对定时器来说，因刷新方式不同而工作状态不同。在跳转期间，分辨率为 1ms 和 10ms 的定时器会一直保持跳转前的工作状态，原来工作的继续工作，到设定值后其位的状态也会改变，输出触点动作，其当前值存储器一直累计到最大值 32 767 才停止。对分辨率为 100ms 的定时器来说，跳转期间停止工作，但不会复位，存储器里的值为跳转时的值，跳转结束后，若输入条件允许，可继续计时，但已失去了准确计时的意义。所以在跳转段里的定时器要慎用。

应用跳转指令的程序结构如图 6-3-2 所示。I0.3 是手动/自动选择开关的信号输入端。当 I0.3 未接通时，执行手动程序段，反之执行自动程序段。

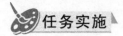

一、硬件设计

从控制要求中可以看出输入信号比较简单，需要一个选择开关、一个启动按钮及一个停止按钮。此外考虑到保护电动机的基本要求，输入端应该接热继电器的常闭触头用来保护电动机不会过载而烧毁或老化。输出部分由一个接触器来控制水泵。其中水泵的选择要根据实际液体的性质及工程中的技术要求来挑选类型及型号。因此选择 CPU224 就可以满足要求。首先根据任务的控制要求，画出 I/O 分配表及原理图。I/O 分配表见表 6-3-2。原理图如图 6-3-3 所示。

表 6-3-2 I/O 分配表

输 入			输 出		
输入继电器	输入元件	作 用	输出继电器	输出元件	控制对象
I0.0	KH	过载保护	Q0.0	KM	交流接触器
I0.1	SB1	停止			
I0.2	SB2	启动			
I0.3	SB3	手动/自动选择			

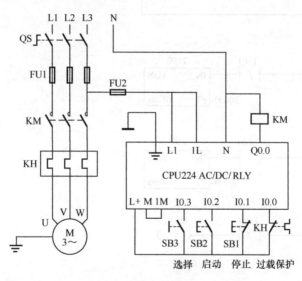

图 6-3-3 原理图

二、软件设计

根据控制要求画出控制程序流程图，再根据流程图绘出梯形图，如图 6-3-4 所示。

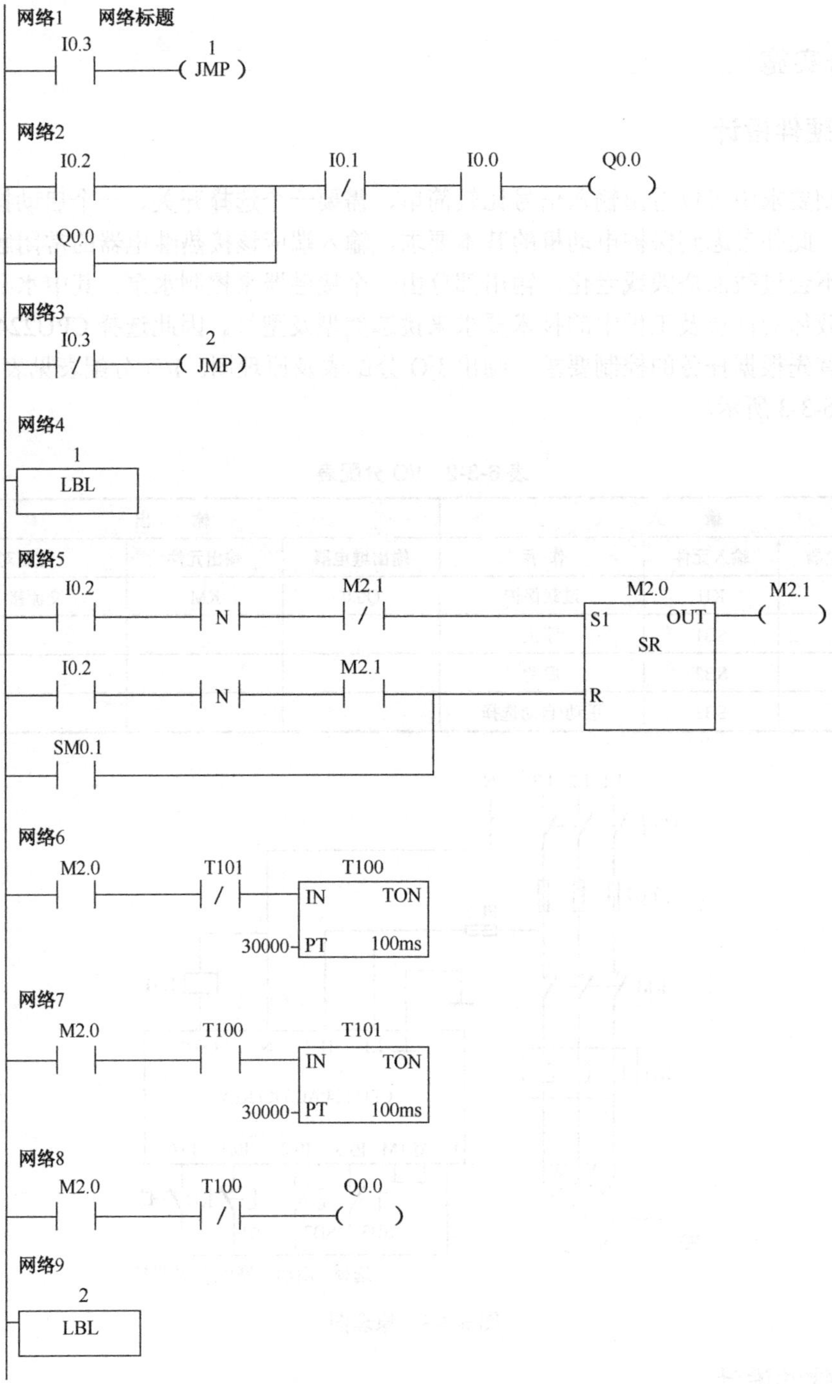

图 6-3-4 梯形图

编程思考：

（1）程序中 SR 指令怎么用？能否用其他指令实现同样功能？

（2）程序中如何实现反复循环动作？

（3）程序中 Q0.0 是否是双输出？

（4）程序中 SM0.1 指令的作用是什么？

任务评价

通过以上的学习，根据实训过程填写评价表，见表 6-3-3。

表 6-3-3 评价表

考核项目	考核要求	自评	互评
电路设计	1. I/O 分配正确合理 2. 输入输出接线图正确 3. 联锁、保护电路完备		
安装工艺	1. 元件选择及布局合理 2. 接点牢固，接触良好		
程序编写	1. 程序实现控制功能 2. 操作步骤正确		
调试	接负载试车成功		
职业素养	1. 安全文明生产 2. 团队协作精神 3. 创新精神		
时间考核	在规定时间完成		
教 师 评 语			

*任务 4 机械手

任务呈现

机械手就是能模仿人手臂的某些动作功能，用以按固定程序抓取、搬运物件或操作工具的自动操作装置。1958 年美国联合控制公司研制出第一台机械手。机械手是最早出现的工业机器人，也是最早出现的现代机器人，机械人手臂与有人类手臂的最大区别就在于灵活度与耐力度。机械手主要由执行机构、驱动机构和控制系统三大部分组成。它可代替人的繁重劳动以实现生产的机械化和自动化，能在有害环境下操作，以保护人身安全，因而广泛应用于机械制造、冶金、电子、轻工和原子能等部门，如图 6-4-1 所示。现模拟设计一个用 PLC 控制的简单的机械手。

设计要求：一个循环周期可分为八步。第一步是当工作台 A 上有工件出现时（可以由光电耦合器检测），机械手开始下降，当机械手下降到位时（可以由限位开

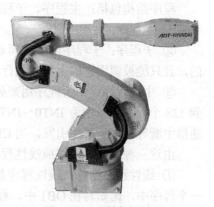

图 6-4-1 压铸机机械手

关检测），机械手停止下降，第一步结束。第二步是机械手在最低位开始抓紧工件，约 10s 抓住、抓紧，第二步结束。第三步是机械手抓紧工件上升，当机械手上升到位时（可以由限位开关检测），机械手停止上升，第三步结束。第四步是机械手抓紧工件右移，当机械手右移到位时（可以由限位开关检测），机械手停止右移，第四步结束。第五步是机械手在最右位开始下降。当机械手下降到工作台 B 时（可以由限位开关检测），机械手停止下降，第五步结束。第六步是机械手开始放松工件，所需时间大约为 10s。10s 之后放开工件，第六步结束。第七步是机械手开始上升，机械手上升到位时（可以由限位开关检测），停止上升，第七步结束。第八步是机械手在高位开始左移，当左移到位时（可以由限位开关检测），机械手停止左移，第八步结束。机械手的一个工作周期完成，等待工件在工作台 A 上出现转到第一步。工艺要求有三种控制方式：自动、单动和手动。机械手工作流程如图 6-4-2 所示。

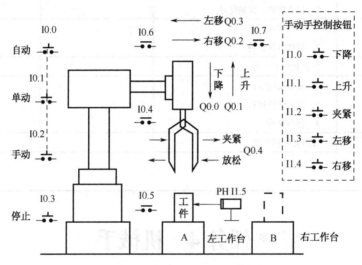

图 6-4-2　机械手工作流程示意图

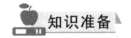 **知识准备**

一、程序结构

程序结构包括：主程序、子程序、中断程序。

① 主程序：主程序只有一个，名称为 OB1。CPU 在每次扫描周期都要执行一次主程序。

② 子程序：子程序可以达到 64 个（SBR0～SBR63）。子程序一般是用来被主程序调用的，且只能被调用它的主程序执行。也可在子程序或中断程序中调用子程序。

③ 中断程序：中断程序用来处理与用户程序的执行时序无关的操作。中断程序可以达到 128 个，名称分别为 INT0～INT127。中断方式有输入中断、定时中断、高速计数中断、通信中断等。中断事件引发，当 CPU 响应中断时，可以执行中断程序。

由这三种程序可以组成线性程序和分块程序两种结构。

① 线性程序结构：线性程序是指一个工程的全部控制任务都按照工程控制的顺序写在一个程序中，比如写在 OB1 中。程序执行过程中，CPU 不断地扫描 OB1，按照事先设定好的顺序去执行工作。线性程序结构简单，一目了然。但是，当控制工程大到一定程度之后，

仅仅采用线性程序就会使整个程序变得庞大而难于编制、难于调试了。

② 分块程序结构：分块程序是指一个工程的全部控制任务被分成多个小的任务块，每个任务块的控制任务根据具体情况分别放到子程序中，或者放到中断程序中。程序执行过程中，CPU 不断地调用这些子程序或者被中断程序中断。分块程序具有很大的灵活性，适用于比较复杂、规模较大的控制工程的程序设计。由于具体任务的控制程序分别在各自的子程序中编制，而具体任务的控制程序相对来说都比较简单，用比较简单的线性程序就能够实现，因而可以使程序的编制相对容易。而且，如果觉得用一个线性程序编制具体任务的控制程序还有困难时，可以在编制具体任务控制程序时，再一次使用分块结构编程，因而使编程简单容易。另外，分块程序也给程序的调试带来便利。由于程序是分块的，调试程序也可以分块进行，等局部程序调试完之后，再总体合成。可以看出，分块结构便于程序编制和调试。当工艺发生变化时，只需要修改变化部分的程序。分块结构的应用最广泛。

二、子程序指令

PLC 的控制程序一般由主程序、子程序和中断程序组成。在程序中，有时会存在多个逻辑功能完全相同的程序段，如图 6-4-3（a）所示的 D 程序段。为了简化程序结构，可以在子程序中编写 D 程序段，需要执行 D 程序段时，则调用子程序。执行完子程序后，返回主程序中子程序调用指令的下一条指令。子程序调用与返回程序的结构如图 6-4-3（b）所示。

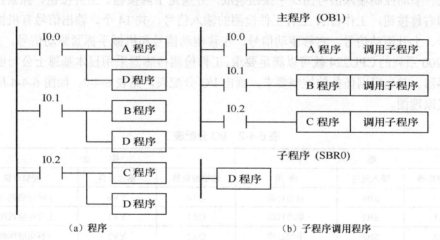

（a）程序   （b）子程序调用程序

图 6-4-3 子程序调用与返回结构

子程序调用指令 CALL、条件返回指令 CRET 的指令格式见表 6-4-1。

表 6-4-1 CALL、CRET 指令格式

项　　目	子程序调用指令	条件返回指令
梯形图	SBR_N —EN	—(RET)

指令说明如下：

① CPU226 最多可以创建 128 个子程序，其他 CPU 可以创建 64 个子程序。

② 如果在子程序中再调用其他子程序称为子程序嵌套，嵌套总数可达 8 级。

③ 条件返回指令 CRET 多用于子程序的内部，由判断条件决定是否提前结束子程序。

④ 如果子程序调用条件满足，则中断主程序去执行子程序。子程序执行结束，返回主程序中断处去继续执行主程序的下一条指令语句。

⑤ 当子程序在一个扫描周期内被多次调用时，在子程序中不能使用上升沿、下降沿、定时器和计数器指令。

⑥ 软件在打开程序编辑器时，默认提供了一个子程序（SBR0），用户可以直接在其中输入程序。软件会自动在子程序末尾处加上无条件返回指令，此外，系统还提供了 CRET 指令，根据条件选择是否提前返回调用它的程序。

任务实施

一、硬件设计

根据工艺要求，从控制方式选择上需要 3 个具有连锁功能的启动按钮，分别完成自动方式、单动方式和手动方式的启动，还需要一个停止按钮用来处理在任何情况下的停止运行。机械手运动的限位开关有 4 个，分别是高位限位开关、低位限位开关、左位限位开关和右位限位开关。手动控制输入信号由 5 个按钮组成，分别是下降按钮、上升按钮、抓紧按钮、左移按钮和右移按钮。工作台 A 上有工件检测的输入信号，共 14 个。输出信号有机械手下降驱动信号、上升驱动信号、右移驱动信号、左移驱动信号和机械手抓紧驱动信号，共 5 个。选择 S7-200 系列的 CPU224 就可以满足要求。工件检测传感器采用日本基恩士公司的 PH614 光电传感器。首先根据任务的控制要求，画出 I/O 分配表，见表 6-4-2，如图 6-4-4 所示为机械手电气原理图。

表 6-4-2　I/O 分配表

输　入			输　出		
输入继电器	输入元件	作　用	输出继电器	输出元件	控制对象
I0.0	SB0	自动启动	Q0.0	YV0	下降电磁阀线圈
I0.1	SB1	单动启动	Q0.1	YV1	上升电磁阀线圈
I0.2	SB2	手动启动	Q0.2	YV2	右移电磁阀线圈
I0.3	SB3	停止	Q0.3	YV3	左移电磁阀线圈
I0.4	SQ0	高位限位开关	Q0.4	YV4	夹紧电磁阀线圈
I0.5	SQ1	低位限位开关			
I0.6	SQ2	左位限位开关			
I0.7	SQ3	右位限位开关			
I1.0	SB4	手动下降			
I1.1	SB5	手动上升			
I1.2	SB6	手动夹紧			
I1.3	SB7	手动左移			
I1.4	SB8	手动右移			
I1.5	SQ4	光电耦合器			

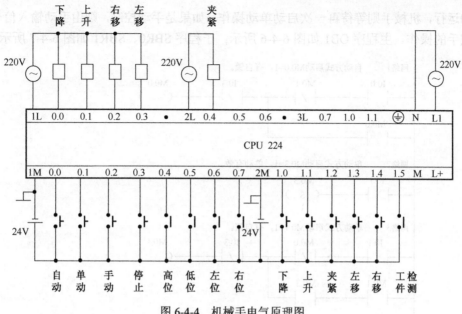

图 6-4-4　机械手电气原理图

二、软件设计

为了能用逻辑流程图设计 PLC 程序，首先要画出控制系统的逻辑流程图，如图 6-4-5 所示。

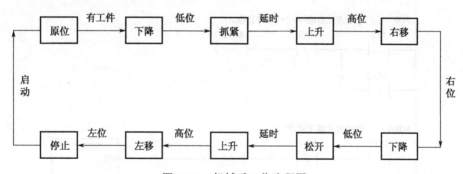

图 6-4-5　机械手工作流程图

根据工艺要求，逻辑流程可以分 8 个部分。系统启动之前机械手在原始位置。原始位置的条件是：机械手在高位（I0.4=1），左位（I0.6=1）。当有工件放在工作台 A 上时（I1.5=1），在启动条件允许时，机械手开始下降（Q0.0=1）。当下降到低位时（I0.5=1），停止下降（Q0.0=0）。机械手下降到位后，开始抓紧工件（Q0.4=1），同时启动延时 10s 的定时器（可以取 T101）。待 T101 延时时间到，机械手开始上升（Q0.1=1），上升到高位（I0.4=1）时，停止上升（Q0.1=0）。这时机械手开始右移（Q0.2=1），当到右位时（I0.7=1），停止右移（Q0.2=0）。这时机械手又开始下降（Q0.0=1），当下降到低位时（I0.5=1），停止下降（Q0.0=0）。机械手在低位时开始松开工件（Q0.4=0），同时启动延时 10s 定时器（T102）。待延时时间到，机械手又开始上升（Q0.1=1），上升到高位时（I0.4=1），停止上升（Q0.1=0）。机械手在高位开始左移（Q0.3=1），左移到左位时（I0.0=1），停止左移（Q0.3=0）。

如果是自动运行，机械手则等待工作台 A 再一次有工件，而进行下一周期操作。如果是单动运行，机械手则等待再一次启动单动操作。如果是手动控制，则由手动输入信号去驱动机械手的操作。主程序 OB1 如图 6-4-6 所示；子程序 SBR0、SBR1 如图 6-4-7 所示。

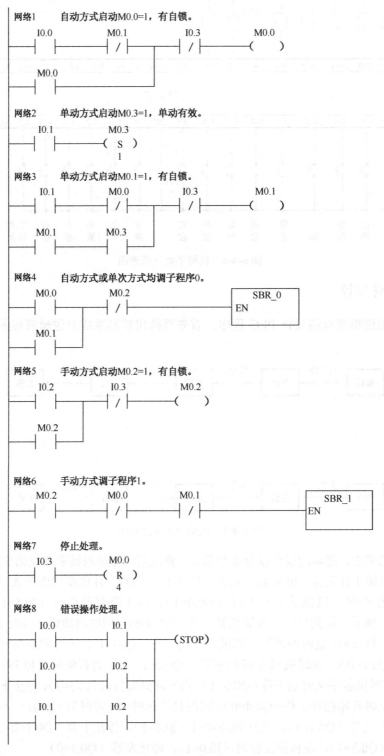

图 6-4-6　主程序

网络1　　启动机械手下降并清除M0.3。

网络2　　机械下降到位，停止下降并启动抓紧控制。

网络3　　机械手抓紧并启动抓紧计时器，定时100ms。

网络4　　定时时间到，并且机械手非下降时，启动上升。

网络5　　机械手上升到位，停止上升并且启动右移控制。

网络6　　机械手右移到位，停止右移并且启动下降控制。

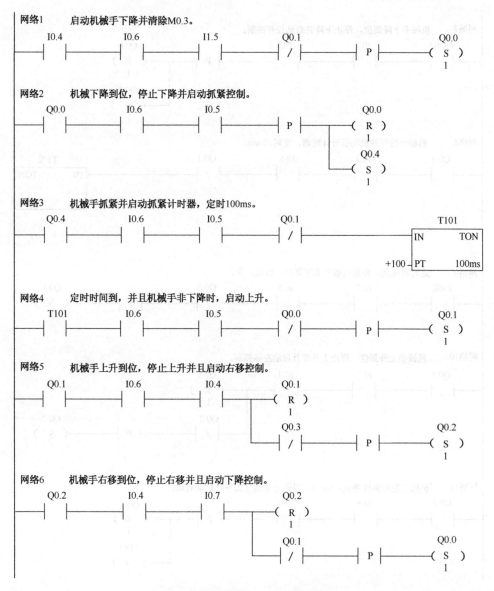

（a）子程序 SBR0：自动运行程序

图 6-4-7　子程序

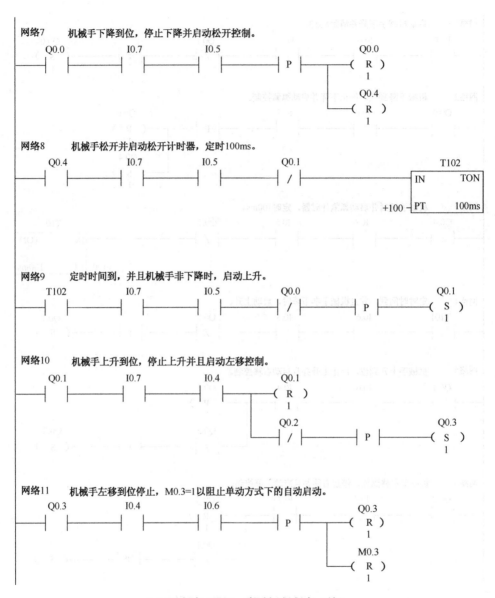

（a）子程序 SBR0：自动运行程序（续）

图 6-4-7　子程序（续）

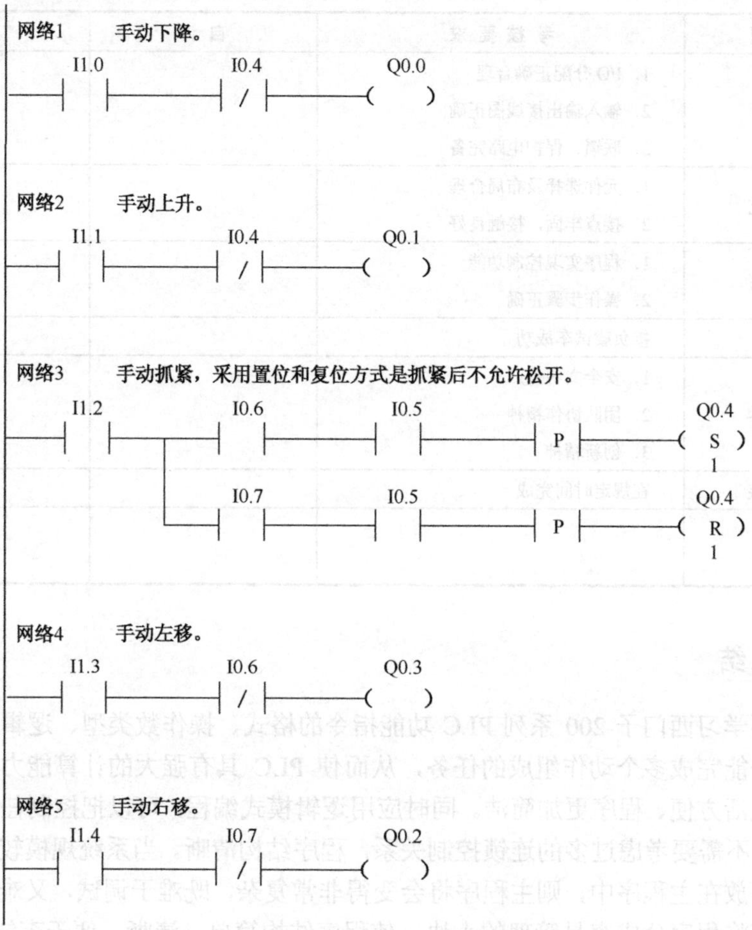

网络1　手动下降。

I1.0　　I0.4　　Q0.0

网络2　手动上升。

I1.1　　I0.4　　Q0.1

网络3　手动抓紧，采用置位和复位方式是抓紧后不允许松开。

I1.2　　I0.6　　I0.5　P　Q0.4（S）1

　　　　I0.7　　I0.5　P　Q0.4（R）1

网络4　手动左移。

I1.3　　I0.6　　Q0.3

网络5　手动右移。

I1.4　　I0.7　　Q0.2

（b）子程序SBR1：手动运行程序

图 6-4-7　子程序（续）

三、注意事项

1. 检查各行程开关的好坏，连接时注意光电开关的连接方式。
2. 程序正确与否可以先手动检查看是否可行，再半自动，最后自动运行。
3. 要注意电磁阀的使用场合，不要烧线圈，做好保护工作及措施。

任务评价

通过以上的学习，根据实训过程填写评价表，见表 6-4-3。

表 6-4-3　评价表

考核项目	考 核 要 求	自 评	互 评
电路设计	1. I/O 分配正确合理 2. 输入输出接线图正确 3. 联锁、保护电路完备		
安装工艺	1. 元件选择及布局合理 2. 接点牢固，接触良好		
程序编写	1. 程序实现控制功能 2. 操作步骤正确		
调试	接负载试车成功		
职业素养	1. 安全文明生产 2. 团队协作精神 3. 创新精神		
时间考核	在规定时间完成		
教　师 评　语			

项目总结

本章主要学习西门子 200 系列 PLC 功能指令的格式、操作数类型、逻辑功能及使用方法。功能指令能完成多个动作组成的任务，从而使 PLC 具有强大的计算能力和控制能力，使控制更加灵活方便、程序更加简洁。同时应用逻辑模式编程，可以把控制任务转化为解决逻辑问题，而不需要考虑过多的连锁控制关系，程序结构清晰。当系统规模较大时，如果将全部控制任务放在主程序中，则主程序将会变得非常复杂，既难于调试，又难于阅读，因此可使用子程序将程序分成容易管理的小块，使程序结构简单、清晰，便于查错及维护。

阅读材料

现场总线

现场总线是应用在生产现场后、在微机化测控设备之间实现双向数字通信的系统，是开放式、数字化、多点通信的底层控制网络。

现场总线是在 20 世纪 80 年代中期发展起来的。现场总线技术是将专用的微处理器植进传统的测控仪表，使其具备了数字计算和通信能力，采用连接简单的双绞线、同轴电缆、光纤等作为总线，按照规范的通信协议，在位于现场的多个微机化测控仪表之间、远程监控计算机之间实现数据共享，形成适应现场实际需要的控制系统。它的出现改变了以往采用电流、电压模拟信号进行测控时信号变化慢、信号传输抗干扰能力差的缺点，也改变了集中式控制可能造成的全线瘫痪的局面。由于微处理器的使用，使得现场总线有了较高的测控能力，提高了信号的测控和传输精度，同时丰富了控制信息内容，为远程传送创造了条件。

现场总线适应了产业控制系统向分散化、网络化、智能化发展的方向，一出现便成为全球产业自动化技术的热门，受到全世界的普遍关注。现场总线导致了传统控制系统结构的变革，形成了新型的网络集成式全分布控制系统——现场总线控制系统 FCS（Fieldbus Control System），如图 6-4-8 所示。

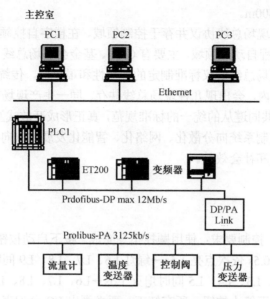

图 6-4-8　现场总线控制系统结构图

现场总线的特点：

现场总线系统打破了传统模拟控制系统采用的一对一的设备连线模式，而采用了总线通信方式，因而控制功能可不依靠控制室计算机直接在现场完成，实现了系统的分散控制。

1．增强了现场级的信息采集能力

现场总线可从现场设备获取大量信息，能够很好地满足工厂自动化乃至 CIMS 系统的信息集成要求。现场总线是数字化的通信网络，它不单纯取代 4～20mA 信号，还可实现设备状态、故障和参数信息传送。系统除完成远程控制，还可完成远程参数化工作。

2．开放式、互操纵性、互换性、可集成性

不同厂家的产品只要使用同一种总线标准，就具有互操纵性、互换性，因此设备具有很好的可集成性。系统为开放式，将自己专长的控制技术，如控制算法、工艺方法、配方等集成到通用控制系统中。

3．系统可靠性高、可维护性好

基于现场总线的自动化监控系统用总线连接方式替换一对一的 I/O 连线，对于大规模 I/O 系统来说，减少了由接线点造成的不可靠因素。同时，系统具有现场级设备的在线故障诊断、报警和记录功能，可完成现场设备的远程参数设定、修改等参数化工作，也增强了系统的可靠性。

4．降低了系统及工程成本

对于大范围、大规模 I/O 分布式系统来说，省掉了大量的电缆、I/O 模块及电缆敷设工程，降低了系统及工程成本。目前国际上现有总线及总线标准不下 200 种，其中 Profibus 总线 1996 年 3 月被批准为欧洲标准，由 Profibus-DP、Profibus-PA、Profibus-FMS 组成 Profibus 系列。DP 用于分散外设间的高速数据传输，适合应用于加工自动化领域；FMS 即现场信息

规范，适用于纺织、楼宇、电力等行业；PA 适用于过程自动化。Profibus 总线技术由德国 SIEMEMS 为主的 10 多家公司共同推出，传输速率为 9.6Kbps 到 12Mbps，传输间隔 12Mbps 为 100m，1.5Mbps 为 400m。

当前，各种形式的现场总线协议并存于控制领域。在楼宇自控领域，Lon works 和 CAN 具有一定的优势；在过程自动化领域，主要有 CAN、基金会现场总线 FF 以及 Profibus 协议。考虑到统一的开放式现场总线协议标准制定的长期性和艰巨性，传统 DCS 的退出将是一个渐进过程。在一段时间内，会出现几种现场总线共存、同一生产现场有几种异构网络互连通信的局面。但是，发展共同遵从的统一的标准规范，真正形成开放式互连系统，是大势所趋。现场总线适应了产业控制系统向分散化、网络化、智能化发展的方向，使用现场总线技术必将带来巨大的经济效益和社会效益。

课后练习

1. 设计循环彩灯。控制要求：使用顺控指令完成。按下启动按钮，则黄灯 L1 亮→红灯 L2、L3、L4、L5 间隔 0.5s 依次点亮 1.5s→绿灯 L6、L7、L8、L9 间隔 0.5s 依次点亮 1.5s→黄灯 L1 熄灭 1.5s→L2、L3、L4、L5 同时熄灭 1.5s→L6、L7、L8、L9 同时熄灭 1.5s→返回初始步，循环显示。按下停止按钮，所有灯灭。要求画出 I/O 分配表，编写梯形图程序并上机调试程序。

2. 设计液体混合控制系统，如图 6-4-9 所示。控制要求如下：按下起动按钮，电磁阀 Y1 闭合，开始注入液体 A，按 L2 表示液体到了 L2 的高度，停止注入液体 A。同时电磁阀 Y2 闭合，注入液体 B，按 L1 表示液体到了 L1 的高度，停止注入液体 B，开启搅拌机 M，搅拌 4s，停止搅拌。同时 Y3 为 ON，开始放出液体至液体高度为 L3，再经 2s 停止放出液体。同时液体 A 注入，开始循环。按停止按扭，所有操作都停止，须重新启动。要求画出 I/O 分配表，编写梯形图程序并上机调试程序。

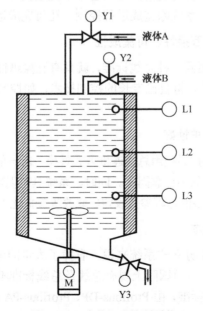

图 6-4-9 液体混合控制系统

3. 锯床在切割木板，在运行当中要实现暂停，当按下启动按钮时，Q0.0 输出，锯片旋转，2s 后 Q0.1 输出，工作平台正向移动，当工作平台碰到限位开关 I0.3 时，Q0.1 停止输出，2s 后 Q0.2 输出，工作平台反响移动，喷到限位开关 I0.4 时 Q0.0 和 Q0.2 停止输出，锯床在运行过程中，按下暂停按钮 I0.2，工作平台暂停移动，暂停解除后平台继续移动。要求画出 I/O 分配表，编写梯形图程序并上机调试程序。

项目 7 系统安装与维护

项目描述

任何一套自动化设备从设计、安装、投入运行、稳定运行到报废处理，都需要技术人员的安装调试、定期保养、及时维护才能让设备正常、高效率运行。PLC本身的故障发生率非常低，但其外部元器件（如传感器和执行器）、外部输入信号和程序软件本身，都很可能发生故障，从而使整个系统发生故障，有时还会烧坏PLC，使整个系统瘫痪。因此作为电气维修技术人员必须熟悉PLC技术，并具备熟练地诊断和排除故障的能力。

该项目主要通过学习袋式收尘器主控电路的安装及维护，掌握安装的规则及步骤，设备故障分析、排除的原则及方法。

任务1 袋式收尘器系统安装

任务呈现

我国水泥生产企业对大气环境的污染百分之七十来自于窑头和窑尾，且污染主要包括噪声和污染物。噪声通过安装消音器、修隔音墙等来消除及减弱。污染物有粉尘、二氧化硫、氮氧化物和氟化物。粉尘的处理目前采用的是袋式除尘器，最好是玻纤布袋除尘器。除尘器一般都是采用的气箱脉冲袋式除尘器和脉冲喷吹式除尘器这两种。水泥在生产工艺中有熟料散装外运环节，在该环节中粉尘污染比较严重，因此该环节必须使用有效的除尘设备，目前大部分企业设备改造用PLC控制系统来控制袋式收尘器，可实现环保高效除尘的效果。

任务要求

根据提供的袋式收尘器图纸资料，看懂图纸并按图纸模拟安装电气控制电路。

知识准备

目前袋式收尘器电控系统主要有：晶体管无触点顺序逻辑控制系统与PLC控制系统。而PLC控制系统控制的袋式收尘器中的离心风机电动机、卸灰阀电动机、螺旋电动机控制以及脉冲电磁阀、提升电磁阀的循环顺序控制均通过 PLC 的软件编程来实现，既可"自动模式"控制、亦可"手动模式"控制。控制系统既可工作于现场模式，亦可工作于中控模式。袋式收尘器 PLC 具有通信接口，可与现场操作站或上位机实现通信。现介绍气箱脉冲袋式收尘器工艺流程及收尘原理。工艺流程图如图 7-1-1 所示。

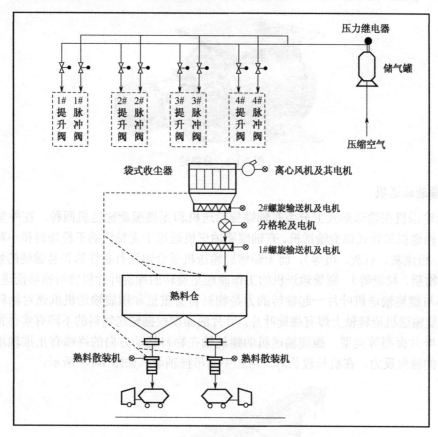

图 7-1-1　气箱脉冲袋式收尘器工艺流程

　　袋式收尘器主要由壳体、滤袋、灰斗、排灰装置、支架和脉冲清灰系统等部分组成。工作过程为：当含尘气体从进风口进入收尘器后，首先碰到进风口中间的斜隔板，气流便转向流入灰斗，同时气流速度变慢，由于重力沉降作用，使气体中粗颗粒粉尘直接落入灰斗，起到预收尘的作用。进入灰斗的气流随后折而向上，经过内部装有金属骨架的滤袋，粉尘被捕集在滤袋的外表面，净化后的气体进入滤袋室上部的清洁室，汇集到出风管排出。壳板用隔板分成若干独立的收尘室，按照给定的时间间隔对每个收尘室轮流进行清灰，每个收尘室装有一个提升阀，清灰时提升阀关闭，切断通过该收尘室的过滤气流，随即脉冲阀开启，向滤袋内喷高压清洁空气，以清除滤袋外表面上的粉尘。此袋收尘采用首先接通提升阀电源，切断气流，停止滤尘，而后接通脉冲阀电源，用压缩空气喷吹清灰，清灰完成后，切断提升阀电源，恢复过滤。

一、相关概念

1. 分格轮

分格轮（又叫钢性叶轮给料机、钢性叶轮卸料器、星型卸料器），如图 7-1-2 所示，是粉状物料卸料和给料的专用设备，可将上部料仓中的干燥粉状物料或小颗粒物料连续地、均匀地喂送到下一设备中去，是一种定量给料设备。它可以配装螺旋闸门等设备达到控制给料量的目的，也可以使用变频器或滑差电动机达到无级调速来控制给料量。它广泛用于水泥、建材、化工、冶金及轻工业等领域物料系统做给料设备之用。

图 7-1-2　分格轮

2．螺旋输送机

螺旋输送机在输送形式上分为有轴螺旋输送机和无轴螺旋输送机两种，在外型上分为U 型螺旋输送机和管式螺旋输送机。有轴螺旋输送机适用于无粘性的干粉物料和小颗粒物料（如水泥、粉煤灰、石灰、粮等），而无轴螺旋输送机适合输送有黏性的和易缠绕的物料（如污泥、生物质、垃圾等）。螺旋输送机的工作原理是旋转的螺旋叶片将物料推移而进行输送，使物料不与螺旋输送机叶片一起旋转的力是物料自身重量和螺旋输送机机壳对物料的摩擦阻力。螺旋输送机旋转轴上焊有螺旋叶片，叶片的面型根据输送物料的不同有实体面型、带式面型、叶片面型等类型。螺旋输送机的螺旋轴在物料运动方向的终端有止推轴承以随物料给螺旋的轴向反力，在机长较长时，应加中间吊挂轴承，如图 7-1-3 所示。

图 7-1-3　螺旋输送机

3．离心风机

离心风机是根据动能转换为势能的原理，利用高速旋转的叶轮将气体加速，然后减速、改变流向，使动能转换成势能（压力）。在单级离心风机中，气体从轴向进入叶轮，气体流经叶轮时改变成径向，然后进入扩压器。在扩压器中，气体改变了流动方向造成减速，这种减速作用将动能转换成压力能。压力增高主要发生在叶轮中，其次发生在扩压过程。在多级离心风机中，用回流器使气流进入下一叶轮，产生更高压力。它广泛用于工厂、矿井、隧道、冷却塔、车辆、船舶和建筑物的通风、排尘和冷却，以及锅炉和工业炉窑的通风和引风等，如图 7-1-4 所示。

图 7-1-4 离心风机

二、系统安装调试步骤

在电气控制系统安装时，首先要根据电气原理图，列出电气材料明细表，根据明细表领取或购买电气元件，并对其进行检查、测量，发现坏的及时更换，避免安装接线后发现电气元件有问题再拆换，以提高制作电气控制箱的工作效率。其次根据实际电气元件画出电气控制箱内元器件布局图及控制系统接线图。在绘制电气元件布局图时，电气控制箱内元器件布局要合理美观，高低压要分开，以免干扰，元器件之间要留有一定空间，有利于散热和维修；一定要考虑到元件与元件之间的走线，是使用硬线还是软线，设计走线路线；也要考虑箱内元件与箱外元件的连接，一般采用接线排；还要考虑到运动导线的保护问题，如护线圈、塑料绑带、尼龙缠绕带、蛇皮管、坦克链等；最后列出辅助材料明细单，购买辅助材料，辅助材料选择的好坏，会影响系统运行质量和美观，最后按电气控制系统图连接线路。

在硬件安装与调试时，应先熟悉电气原理图，再安装；安装时按先主电路、后控制电路的顺序；调试时先局部后整体，先空载后加载。

（1）主电路安装调试。按 PLC 控制系统元件布局图和控制系统接线图安装元件，并按电气原理图连接主线路。连接完成后应仔细检查，确保连接无误后，合上空气开关 QF，按下接触器触点观察电动机是否正转或反转，如果不是，应重新检查线路，直到正确为止。在实际安装中应注意：安装中每根导线中间不要有接头，以免使用过程中发热损坏，出现故障；连线应牢固可靠。如果控制箱内选用硬线连线时，走线尽量横平竖直；当选用软线连线时，走线最好采用走线槽；连接导线两端一定要安装接线鼻子，标明线号；控制箱到运行电动机的导线，也要放在线槽中加以保护；随机械部分一起运动的导线要采用拖链或蛇皮管进行保护，以免在运动时磨损，产生故障。

（2）控制电路安装调试。按 PLC 控制系统元件布局图和接线图安装元件，并按电气原理图连接控制电路。连接完成后应仔细检查，确保连接无误后，将 PLC 模式选择开关拨到STOP 位置，加电，分别按下各个输入按钮观察 PLC 对应的输入指示灯是否亮。如有不亮的，应检查该路接线是否正常，直到正确为止。

任务实施

一、根据提供的图纸资料，首先认真读懂电气原理图，列出电气材料明细表。根据明细表领取或购买电气元件，并用万用表对其进行检查、测量，发现坏的及时更换。其次研究控制系统接线图。画出布局图及接线图，如图 7-1-5～图 7-1-8 所示。

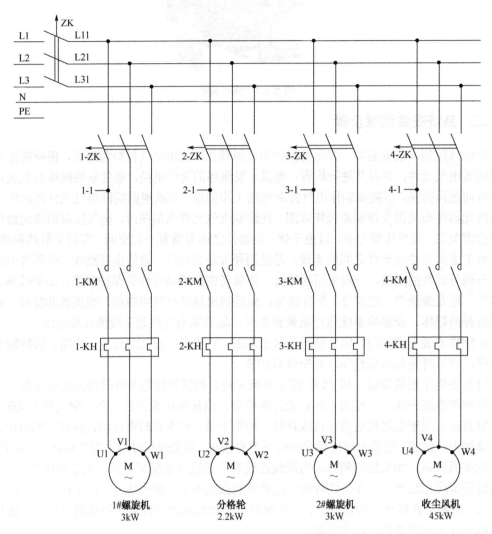

图 7-1-5　收尘器主电路图

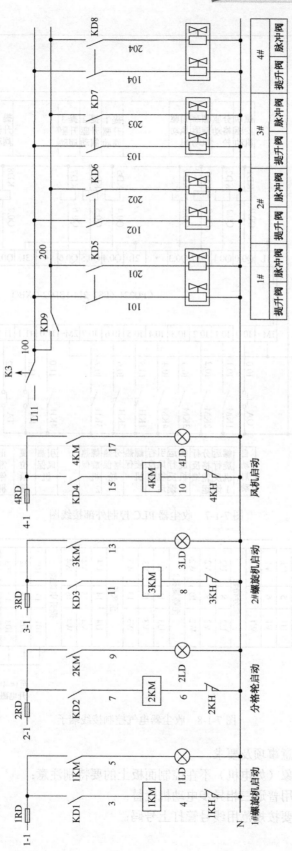

图 7-1-6 收尘器控制电路图

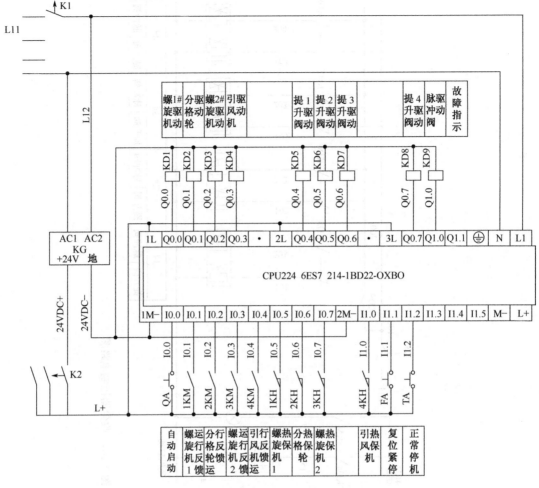

图 7-1-7　收尘器 PLC 控制外部接线图

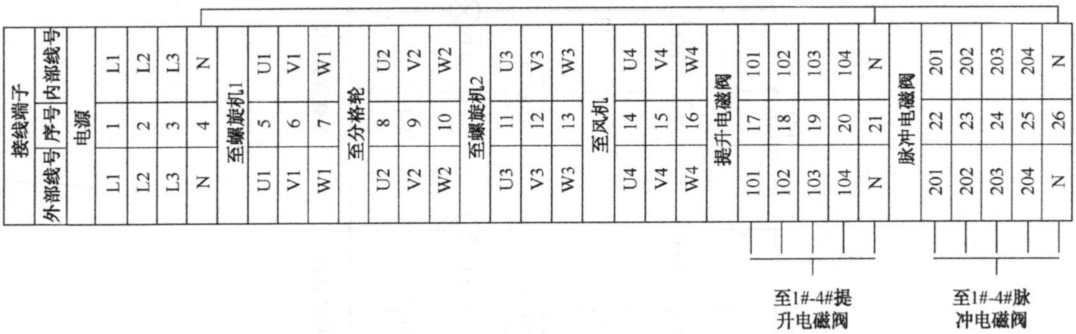

图 7-1-8　收尘器电气控制接线端子

二、安装调试注意事项及要求

（1）实际控制对象（如电机）不在控制面板上的要特别注意；

（2）有些电动机用普通三相异步电动机代替；

（3）每根导线都要按规范用线号管打上号码；

（4）根据原理图及接线图画元件布局图，要根据相关原则；

（5）硬线连线时，走线尽量横平竖直；

（6）软线连线时，走线最好采用走线槽；

（7）安装完毕后一定要进行硬件调试，检查有无问题。直至成功。

任务评价

通过以上的学习，根据实训过程填写评价表，见表 7-1-1。

表 7-1-1 评价表

考核项目	考核要求	自评	互评
看懂图纸	1. 是否看懂图纸 2. 元件是否准备齐全 3. 是否画出元件布局图		
安装工艺	1. 硬线是否横平竖直、软线是否入线槽 2. 接点牢固，接触良好		
调试	1. 调试方法是否正确 2. 调试成功否		
职业素养	1. 安全文明生产 2. 团队协作精神		
时间考核	在规定时间完成		
教 师 评 语			

任务 2 袋式收尘器系统维护

任务呈现

在 PLC 控制系统运行过程中，机械故障和各模块上元器件的故障会导致系统运行的异常，甚至危及系统的安全，因此定期对 PLC 控制系统进行维护和检查是一项必不可少的重要工作。如果系统设备出故障了，也需要及时维修，分析、排除故障是一个电气维修人员基本的技能。

任务要求

在上次安装调试好的袋式收尘器控制系统中人为制造故障，例如通信问题、传感器问题、接线端子问题等，然后要求根据所学排故方法及自己的经验尽快排除故障，让系统正常运行。要求排故过程有故障现象观察咨询步骤、理论分析过程、仪表使用排除等手段。

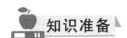 知识准备

一、系统故障类型

1. 外部设备故障

外部设备就是与实际过程直接联系的各种开关、传感器、执行机构、负载等。这部分设备发生故障，直接影响系统的控制功能。

2. 系统故障

这是影响系统运行的全局性故障。系统故障可分为固定性故障和偶然性故障。故障发生后，通过重新启动可使系统恢复正常，则可认为是偶然性故障。重新启动不能恢复，而需要更换硬件或软件系统才能恢复正常，则可认为是固定故障。

3. 硬件故障

这类故障主要指系统中的模板（特别是 I/O 模板）损坏而造成的故障。这类故障一般比较明显，影响局部。

4. 软件故障

软件本身所包含的错误，主要是软件设计考虑不周，在执行中一旦条件满足就会引发。在实际工程应用中，由于软件工作复杂、工作量大，因此软件错误几乎难以避免。

对于可编程控制器组成的控制系统而言，绝大部分故障属于上述四类故障。根据这一故障分类，可以帮助分析故障发生的部位和产生的原因。

二、系统故障分布和分层排除

PLC 控制系统 95%故障在外围，仅有 5%发生在 PLC 本身，故维修系统的注意力应该首先集中在外部设备。而在 5%的 PLC 故障中，控制器内的故障只占 10%，90%发生在 I/O 模板中。

故障发生时，首先定位故障发生在 PLC 内部还是外部；然后判断是在 I/O 回路还是在控制器内部；最后判断是 PLC 硬件故障还是软件故障。

1. 第一层故障

利用 PLC 输入、输出指示灯判断第一层故障。指示灯亮与否是一个有效而又直观的检查和发现故障的手段。

外设故障一般发生在继电器、接触器；阀门、闸板；开关、限位开关、安全保护、就地和远控转换开关；接线盒、接线端子、螺栓螺母处；传感器、仪表；电源、地线和信号线的噪声，等等，排除比较容易。

2. 第二层故障

利用上位监控系统功能判断第二层故障。

利用上位监控机在线监控状态，通过梯形图进行监控。例如软触点显示不同的颜色代表不同的状态。查找输入元件 I0.0，若为 on，表明输入信号已送入第二层控制器，然后查找输

出元件 Q0.0，若其状态为 on，表明输出信号已在控制器内的寄存器中形成。如果输入输出的某端口坏了，可以利用冗余端口，将程序稍做改动，就可以恢复正常运行。

3. 第三层故障

通过故障现象分析诊断 PLC 第三层故障。

控制器内部电路实际上是一个单片机或单片机系统。若应用程序有误（如删改），可以重新输入备份程序。若不正常，可以编制一个简单的试验程序插入原程序之前，单独运行。如果所有分路都有故障，则故障可能在编码控制单元，应仔细检查相关电路及元件，必要时替换之；如果仅仅是某一组分路都有故障，则可能是某一块锁存器芯片已损坏，更换之。判断控制器内 CPU 是否出现故障，可以将 CPU 主板中电池取出，用短接线在 CPU 与电池正、负极连接处短接放电，从而用户程序消失，然后再接好电池。再通过 PC，将一个仅有一个语句的用户软件传输到 CPU，这个程序仅有一个"END"语句，断开所有的外部 I/O 控制与扫描、通信等，对 CPU 进行冷态启动，如果冷态启动仍然失败，只能说明包括 CPU 在内的主机箱系统的硬件需要再检查。当冷态启动正常时，说明主机系统没有故障。这时可以通过编程器或上位机重新下载用户程序，再将硬件和软件一点点地或分片与分区地投入，去寻找故障点。

总之，当 PLC 控制系统出现故障，首先定位故障点，然后借助测试工具加上逻辑推理逐层分析，最终把故障排除。

三、系统的故障自诊断

可编程序控制器具有极强的自诊断测试功能，在系统发生故障时要充分利用这一功能。

（1）利用 PLC 设计故障诊断系统是利用 PLC 对自身的故障进行检测，自行编制软件并把检测到的故障点进行记录，再通过对 PLC 控制程序的分析、判断，查找出引起故障的根本原因，利用可编程控制器本身所具有的各种功能，采取一定措施、结合具体分析确定故障原因。用户通过程序可以编辑组织块，来告诉 CPU 出现故障时应如何处理，从而消除故障源。

（2）任何 PLC 都具有自诊断功能，当 PLC 异常时，应该充分利用其自诊断功能以分析故障原因。一般当 PLC 发生异常时，首先检查电源电压、PLC 及 I/O 端子的螺丝和接插件是否松动，以及有无其他异常，然后再根据 PLC 基本单元上设置的各种 LED 的指示灯状况，以检查 PLC 自身和外部有无异常。

① 电源指示。

当向 PLC 基本单元供电时，基本单元表面上设置的［POWER］LED 指示灯会亮。如果电源合上，但［POWER］LED 指示灯不亮，请确认电源接线。另外，若同一电源有驱动传感器等时，请确认有无负载短路或过电流。若不是上述原因，则可能是 PLC 内混入导电性异物或其他异常情况，使基本单元内的保险丝熔断，此时可通过更换保险丝来解决。

② 出错指示。

当程序语法错误，或有异常噪声、导电性异物混入等原因而引起程序内存的内容变化时，［EPROR］LED 会闪烁，PLC 处于 STOP 状态，同时输出全部变为 OFF。在这种情况下，应检查程序是否有错，检查有无导电性异物混入和高强度噪声源。此时可进行断电复位，若 PLC 恢复正常，请检查一下有无异常噪声发生源和导电性异物混入的情况。另外，请检查

PLC 的接地是否符合要求。

检查过程如果出现［EPROR］LED 灯亮→闪烁的变化，请进行程序检查。如果［EPROR］LED 依然一直保持灯亮状态时，请确认一下程序运算周期是否过长。如果进行了全部的检查之后，［EPROR］LED 的灯亮状态仍不能解除，应考虑 PLC 内部发生了某种故障，请与厂商联系。

③ 输入指示。

不管输入单元的 LED 灯亮还是灭，请检查输入信号开关是否确实在 ON 或 OFF 状态。如果输入开关的额定电流容量过大或由于油侵入等原因，容易产生接触不良。当输入开关与 LED 灯用电阻并联时，即使输入开关 OFF 但并联电路仍导通，仍可对 PLC 进行输入。如果使用光传感器等输入设备，由于发光 / 受光部位粘有污垢等，引起灵敏度变化，有可能不能完全进入 "ON" 状态。在比 PLC 运算周期短的时间内，不能接收到 ON 和 OFF 的输入。如果在输入端子上外加不同的电压时，会损坏输入回路。

④ 输出指示。

不管输出单元的 LED 灯亮还是灭，如果负载不能进行 ON 或 OFF 时，主要是由于过载、负载短路或容量性负载的冲击电流等，引起继电器输出接点粘合，或接点接触面不好导致接触不良。

四、故障查找流程图

1. 总体检查

根据总体检查流程图找出故障点的大方向，逐渐细化，以找出具体故障，如图 7-2-1 所示。

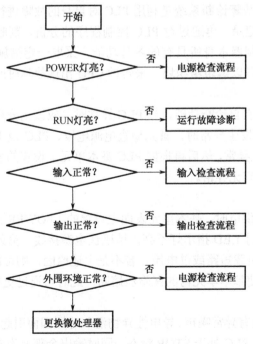

图 7-2-1　总体检查流程图

2．供电系统

电源灯不亮需对供电系统进行检查，检查流程图如图 7-2-2 所示。

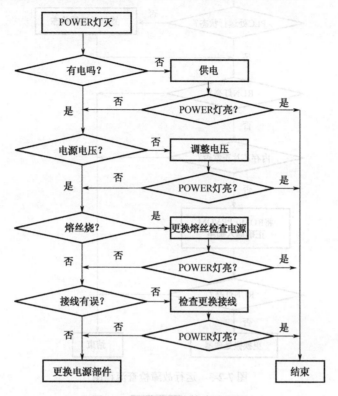

图 7-2-2　供电系统检查流程图

3．运行故障检查

电源正常，运行指示灯不亮，说明系统已因某种异常而终止了正常运行，检查流程图如图 7-2-3 所示。

4．输入输出检查

输入输出是 PLC 与外部设备进行信息交流的通道，其是否正常工作，除了和输入输出单元有关外，还与连接配线、接线端子、保险管等元件状态有关。检查流程图如图 7-2-4、图 7-2-5 所示。

🎨 任务实施

根据提供的电气原理图及程序下载调试好系统，要求熟悉设备控制要求。系统设"自动启动"、"正常停机"、"复位/紧停"按钮各 1 个，启停顺序要求如下：自动启动，首先 1#螺旋机运行，30s 后分格轮运行，再 30s 后 2#螺旋机运行，再 30s 后风机及收尘电磁阀启动运行。正常停机，按下停机按钮 2s 后，风机及收尘电磁阀停机，30s 后 2#螺旋机停机，再过 30s 后分格轮停机，再过 30s 后 1#螺旋机停机。故障停机，若某一电动机过载热继动作或启动运行信号未到均报故障，则收尘系统停机；故障复位后，方能再次系统开机。

流程图及程序如图 7-2-6、图 7-2-7 所示。

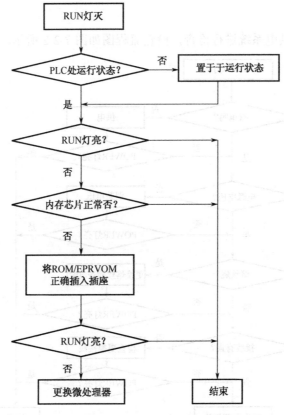

图 7-2-3　运行故障检查流程图

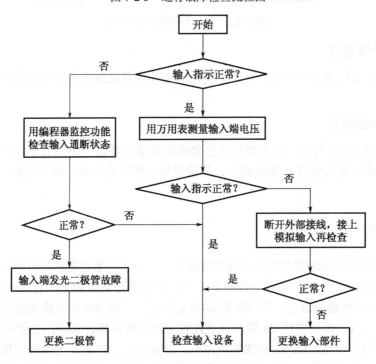

图 7-2-4　输入检查流程图

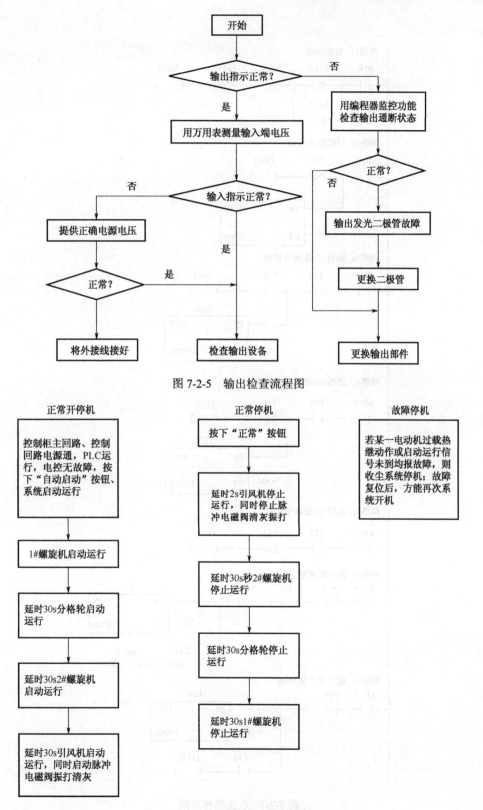

图 7-2-5　输出检查流程图

图 7-2-6　收尘器控制流程图

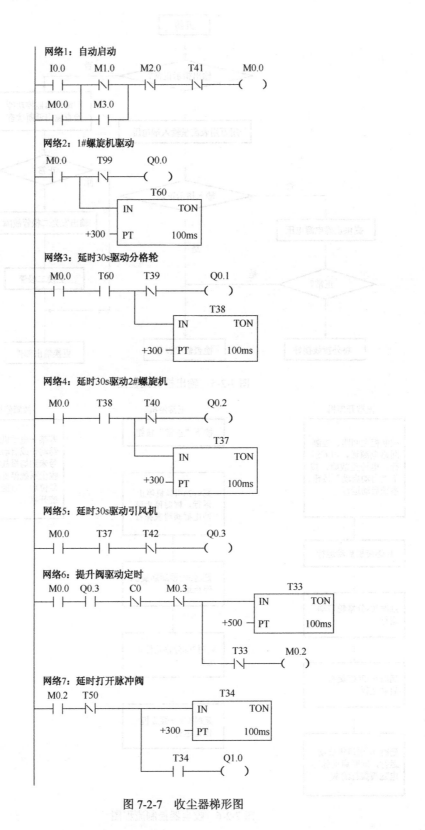

图 7-2-7　收尘器梯形图

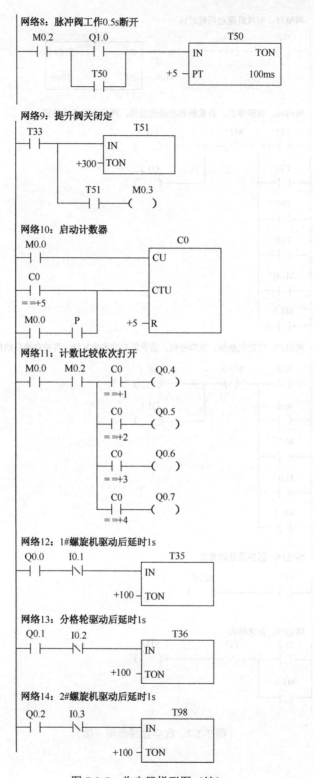

图 7-2-7 收尘器梯形图（续）

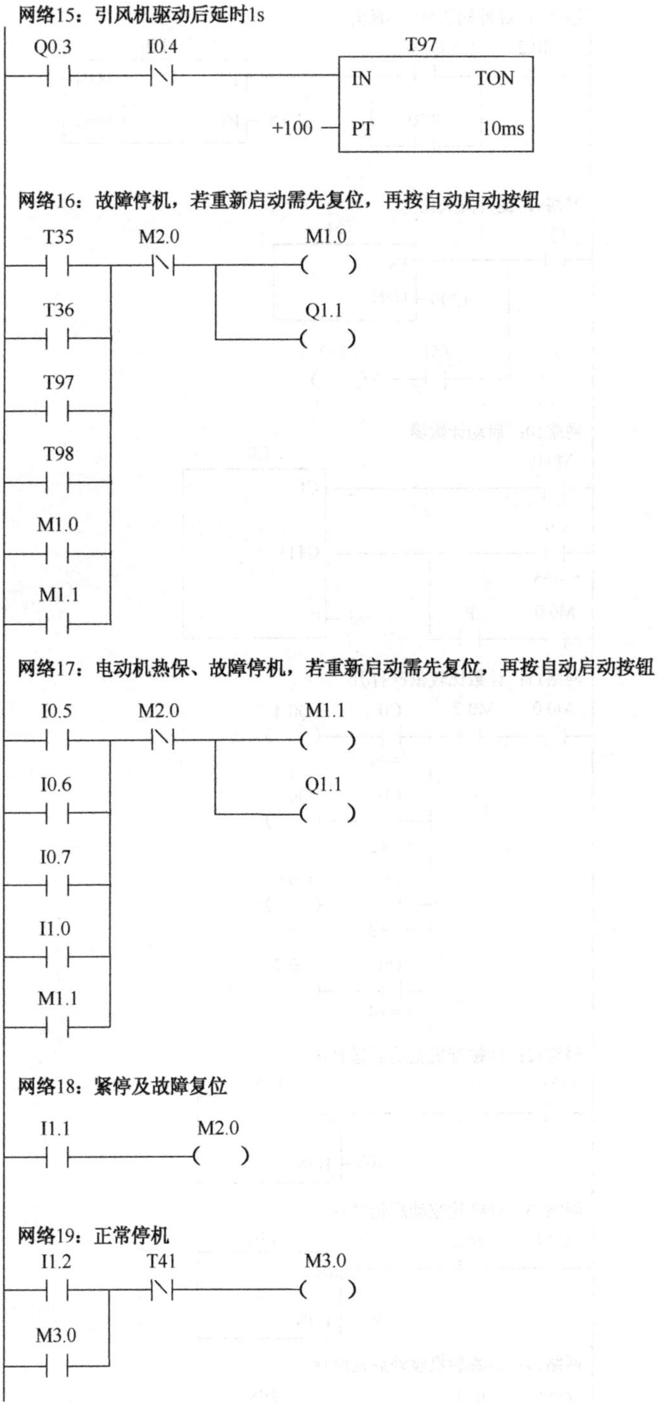

网络15：引风机驱动后延时1s

```
   Q0.3        I0.4                    T97
   ┤├──────────┤/├──────────┤IN      TON│
                            │            │
                    +100 ──┤PT      10ms│
```

网络16：故障停机，若重新启动需先复位，再按自动启动按钮

```
   T35         M2.0                M1.0
   ┤├──────┬───┤/├──────────────( )
           │                     Q1.1
   T36     │                   ┌─( )
   ┤├──────┤
           │
   T97     │
   ┤├──────┤
           │
   T98     │
   ┤├──────┤
           │
   M1.0    │
   ┤├──────┤
           │
   M1.1    │
   ┤├──────┘
```

网络17：电动机热保、故障停机，若重新启动需先复位，再按自动启动按钮

```
   I0.5        M2.0                M1.1
   ┤├──────┬───┤/├──────────────( )
           │                     Q1.1
   I0.6    │                   ┌─( )
   ┤├──────┤
           │
   I0.7    │
   ┤├──────┤
           │
   I1.0    │
   ┤├──────┤
           │
   M1.1    │
   ┤├──────┘
```

网络18：紧停及故障复位

```
   I1.1                    M2.0
   ┤├──────────────────────( )
```

网络19：正常停机

```
   I1.2        T41             M3.0
   ┤├──────┬───┤/├──────────────( )
           │
   M3.0    │
   ┤├──────┘
```

图 7-2-7　收尘器梯形图（续）

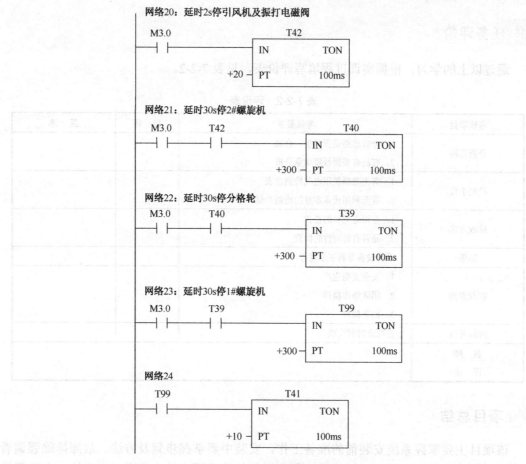

图 7-2-7　收尘器梯形图（续）

　　人为制造故障的原则必须是不危害人身安全及设备本身安全。之后启动设备（条件允许的情况下），观察故障现象（其间可以问：问故障情况、故障现象；闻：闻有什么异味，例如短路烧焦的味道；听：听设备运行时不正常的声音；切：摸设备外表的温度，例如电动机温度是否正常。像中医看病一样），然后根据原理图、接线图分析可能存在的所有原因，缩小范围，科学地、有目的地查找原因，维修期间可以翻设备说明书资料、用 PC 连接设备监控方式查找分析故障原因，还可应用万用表或摇表等其他电气检测工具。最终能找到故障点并排除故障，让设备正常运行。要求学生填写表 7-2-1。

表 7-2-1　设备排故记录表

故障现象	分析可能的原因	检测方式	处理方式

任务评价

通过以上的学习，根据实训过程填写评价表，见表 7-2-2。

表 7-2-2　评价表

考核项目	考核要求	自　评	互　评
分析思路	1. 分析思路是否科学、合理 2. 有没有根据故障现象分析		
检测手段	1. 有无准确使用电气检测仪表 2. 有无利用设备本身的检测功能		
排故方法	1. 是否毫无目的查找 2. 是否有针对性的检查		
结果	系统设备重新正常运行		
职业素养	1. 安全文明生产 2. 团队协作精神 3. 创新精神		
时间考核	在规定时间完成		
教　师 评　语			

项目总结

该项目主要掌握系统安装前的准备工作，安装中要掌握步骤及方法。故障排除强调看懂原理图、接线图，然后再根据故障现象分析可能的原因，缩小范围，有方法、有步骤排除、发现、解决问题。特别要充分利用系统故障信息指示，这样能更快查出故障原因。故障维修能力只有通过在实践中锻炼、积累才能提高，同时这也是作为一线电气工程人员必备的技能。

阅读材料

系统故障检查及处理具体方法

1. 电源故障检查与处理见表 7-2-3。

表 7-2-3　电源故障的检查与处理

故障现象	故障原因	解决办法
电源指示灯灭，或者 PLC 的工作状态指示灯灭	指示灯坏或保险丝断	更换
	无供电电压	加入供电电源电压； 检查电源接线和插座使之正常
	供电电压超限	调整电源电压在规定范围
	电源坏	更换电源

2. 异常故障检查与处理见表 7-2-4。

表 7-2-4 异常故障的检查与处理

故障现象	故障原因	解决办法
不能启动	供电电压超过上极限	降压
	供电电压低于下极限	升压
	内存自检系统出错	清内存、初始化
	CPU、内存板故障	更换
工作不稳定，频繁停机	供电电压接近上、下极限	调整电压，使在正常范围
	主机系统模块接触不良	清理、重插
	CPU、内存板内元器件松动	清理、带手套按压元器件
	CPU、内存板故障	更换
与编程器（微机）不通信	通信电缆插接松动	按紧后重新联机
	通信电缆故障	更换
	内存自检出错	内存清零，拔去停电记忆电池几分钟后再联机
	通信口参数不对	检查参数和开关，重新设定
	主机通信故障	更换
	编程器通信口故障	更换
程序不能装入	内存没有初始化	清内存，重写
	CPU、内存故障	更换

3. 通信故障检查与处理见表 7-2-5。

表 7-2-5 通信故障的检查与处理

故障现象	故障原因	解决办法
单一模块不通信	接插不好	按紧接插
	模块故障	更换模块
	组态不对	重新组态
从站不通信	分支通信电缆故障	拧紧插接件或更换
	通信处理器松动	拧紧
	通信处理器地扯开关错	重新设置
	通信处理器故障	更换
主站不通信	通信电缆故障	排除故障、更换
	调制解调器故障	断电后再启动无效更换
	通信处理器故障	清理后再启动无效更换
通信正常，但通信故障灯亮	某模块插入或接触不良	插入并按紧

4. 输入故障检查与处理见表 7-2-6。

表 7-2-6 输入故障的检查与处理

故障现象	故障原因	解决办法
输入模块单点损坏	过电压，特别是高压串入	消除过电压和串入的高压
输入全部不接通	未加外部输入电源	接通电源
	外部输入电压过低	加额定电源电压

故障现象	故障原因	解决办法
输入全部不接通	端子螺钉松动	将螺钉拧紧
	端子板连接器接触不良	将端子板锁紧或更换
输入全部断电	输入回路不良	更换模块
特定编号输入点不接通	输入器件不良	更换
	输入配线断线	检查输入配线排除故障
	端子接线螺钉松动	拧紧
	端子板连接器接触不良	将端子板锁紧或更换
	输入信号接通时间过短	调整输入器件
	输入回路不良	更换模块
	OUT 指令用了该输入号	修改程序
特定编号输入点不关断	输入回路不良	更换模块
	OUT 指令用了该输入号	修改程序
输入不规则地通、断	外部输入电压过低	使输入电压在额定范围内
	噪声引起误动作	采取抗干扰措施
	端子螺钉松动	拧紧螺钉
	端子连接器接触不良	将端子板拧紧或更换
异常输入点编号连续	输入模块公共端螺钉松动	拧紧螺钉
	端子连接器接触不良	将端子板锁紧或更换连接器
	CPU 不良	更换 CPU
输入动作指示灯不亮	指示灯坏	更换

5. 输出故障检查与处理见表 7-2-7。

表 7-2-7　输出故障检查与处理

故障现象	故障原因	解决办法
输出模块单点损坏	过电压，特别是高压串入	消除过电压和串入的高压
输出全部不接通	未加负载电源	接通电源
	负载电源电压低	加额定电源电压
	端子螺钉松动	将螺钉拧紧
	端子板连接器接触不良	将端子板锁紧或更换
	保险丝熔断	更换
	I/O 总线插座接触不良	更换
	输出回路不良	更换
输出全部不关断	输出回路不良	更换模块
特定编号输出点不接通	输出接通时间短	更换
	程序中继电器号重复	修改程序
	输出器件不良	更换
	输出配线断线	检查输出配线排除故障
	端子螺钉松动	拧紧
	端子连接器接触不良	将端子板锁紧或更换
	输出继电器不良	更换
	输出回路不良	更换

续表

故障现象	故障原因	解决办法
特定编号输出不关断	程序中输出指令的继电器号重复	修改程序
	输出继电器不良	更换模块
	漏电流或残余电压使其不能关断	更换负载或添加假负载电阻
	输出回路不良	更换
输出端不规则地通、断	外部输出电压过低	使输入电压在额定范围内
	噪声引起误动作	采取抗干扰措施
	端子螺钉松动	拧紧螺钉
	端子连接器接触不良	将端子板拧紧或更换
异常输出点编号连续	输出模块公共端螺钉松动	拧紧螺钉
	端子连接器接触不良	将端子板锁紧或更换连接器
	CPU 不良	更换 CPU
	保险丝坏	更换
输出动作指示灯不亮	指示灯坏	更换

课后练习

找一台 PLC 控制的设备的原理图，画出元件布局图、连线图，然后按图安装、调试，再制造人为故障，然后深入分析，科学判断检测，排除故障让设备正常运行。

附录 A S7—200 指令系统速查表

布 尔 指 令		
LD	N	装载（开始的常开触点）
LDI	N	立即装载
LDN	N	取反后装载（开始的常闭触点）
LDNI	N	取反后立即装载
A	N	与（串联的常开触点）
AI	N	立即与
AN	N	取反后与（串联的常开触点）
ANI	N	取反后立即与
O	N	或（并联的常开触点）
OI	N	立即或
ON	N	取反后或（并联的常开触点）
ONI	N	取反后立即与
LDBx	N1, N2	装载字节比较结果 N1（x: <, <=, =, >=, >, <> ）N2
ABx	N1, N2	与字节比较结果 N1（x: <, <=, =, >=, >, <> ）N2
OBx	N1, N2	或字节比较结果 N1（x: <, <=, =, >=, >, <> ）N2
LDWx	N1, N2	装载字比较结果 N1（x: <, <=, =, >=, >, <> ）N2
AWx	N1, N2	与字比较结果 N1（x: <, <=, =, >=, >, <> ）N2
OWx	N1, N2	或字比较结果 N1（x: <, <=, =, >=, >, <> ）N2
LDDx	N1, N2	装载双字比较结果 N1（x: <, <=, =, >=, >, <> ）N2
ADx	N1, N2	与双字比较结果 N1（x: <, <=, =, >=, >, <> ）N2
ODx	N1, N2	或双字比较结果 N1（x: <, <=, =, >=, >, <> ）N2
LDRx	N1, N2	装载实数比较结果 N1（x: <, <=, =, >=, >, <> ）N2
ARx	N1, N2	与实数比较结果 N1（x: <, <=, =, >=, >, <> ）N2
ORx	N1, N2	或实数比较结果 N1（x: <, <=, =, >=, >, <> ）N2
NOT		栈顶值取反
EU		上升沿检测
ED		下降沿检测
=	N	赋值（线圈）
=I	N	立即赋值

布 尔 指 令		
S	S_BIT, N	置位一个区域
R	S_BIT, N	复位一个区域
SI	S_BIT, N	立即置位一个区域
RI	S_BIT, N	立即复位一个区域
传送、移位、循环和填充指令		
MOVB	IN, OUT	字节传送
MOVW	IN, OUT	字传送
MOVD	IN, OUT	双字传送
MOVR	IN, OUT	实数传送
BIR	IN, OUT	立即读取物理输入字节
BIW	IN, OUT	立即写物理输出字节
BMB	IN, OUT, N	字节块传送
BMW	IN, OUT, N	字块传送
BMD	IN, OUT, N	双字块传送
SWAP	IN	交换字节
SHRB	DATA, S_BIT, N	移位寄存器
SRB	OUT, N	字节右移 N 位
SRW	OUT, N	字右移 N 位
SRD	OUT, N	双字右移 N 位
SLB	OUT, N	字节左移 N 位
SLW	OUT, N	字左移 N 位
SLD	OUT, N	双字左移 N 位
RRB	OUT, N	字节右移 N 位
RRW	OUT, N	字右移 N 位
RRD	OUT, N	双字右移 N 位
RLB	OUT, N	字节左移 N 位
RLW	OUT, N	字左移 N 位
RLD	OUT, N	双字左移 N 位
FILL	IN, OUT, N	用指定的元素填充存储器空间
逻 辑 操 作		
ALD		电路块串联
OLD		电路块并联
LPS		入栈
LRD		读栈
LPP		出栈
LDS		装载堆栈
AENO		对 ENO 进行与操作
ANDB	IN1, OUT	字节逻辑与
ANDW	IN1, OUT	字逻辑与
ANDD	IN1, OUT	双字逻辑与

逻 辑 操 作		
ORB	IN1，OUT	字节逻辑或
ORW	IN1，OUT	字逻辑或
ORD	IN1，OUT	双字逻辑或
XORB	IN1，OUT	字节逻辑异或
XORW	IN1，OUT	字逻辑异或
XORD	IN1，OUT	双字逻辑异或
INVB	OUT	字节取反（1的补码）
INVW	OUT	字取反
INVD	OUT	双字取反
表、查找和转换指令		
ATT	TABLE，DATA	把数据加到表中
LIFO	TABLE，DATA	从表中取数据，后入先出
FIFO	TABLE，DATA	从表中取数据，先入先出
FND=	TBL，PATRN，INDX	
FND<>	TBL，PATRN，INDX	在表中查找符合比较条件的数据
FND<	TBL，PATRN，INDX	
FND>	TBL，PATRN，INDX	
BCDI	OUT	BCD码转换成整数
IBCD	OUT	整数转换成BCD码
BTI	IN，OUT	字节转换成整数
IBT	IN，OUT	整数转换成字节
ITD	IN，OUT	整数转换成双整数
TDI	IN，OUT	双整数转换成整数
DTR	IN，OUT	双整数转换成实数
TRUNC	IN，OUT	实数四舍五入为双整数
ROUND	IN，OUT	实数截位取整为双整数
ATH	IN，OUT，LEN	ASCII码→16进制数
HTA	IN，OUT，LEN	16进制数→ASCII码
ITA	IN，OUT，FMT	整数→ASCII码
DTA	IN，OUT，FMT	双整数→ASCII码
RTA	IN，OUT，FMT	实数→ASCII码
DECO	IN，OUT	译码
ENCO	IN，OUT	编码
SEG	IN，OUT	7段译码
中 断 指 令		
CRETI		从中断程序有条件返回
ENI		允许中断
DISI		禁止中断
ATCH	INT，EVENT	给事件分配中断程序
DTCH	EVENT	解除中断事件

通信指令		
XMT	TABLE，PORT	自由端口发送
RCV	TABLE，PORT	自由端口接收
NETR	TABLE，PORT	网络读
NETW	TABLE，PORT	网络写
GPA	ADDR，PORT	获取端口地址
SPA	ADDR，PORT	设置端口地址
高速计数器指令		
HDEF	HSC，MODE	定义高速计数器模式
HSC	N	激活高速计数器
PLS	X	脉冲输出
数学、加1减1指令		
+I	IN1，OUT	整数，双整数或实数法
+D	IN1，OUT	IN1+OUT=OUT
+R	IN1，OUT	
–I	IN1，OUT	整数，双整数或实数法
–D	IN1，OUT	OUT–IN1 =OUT
–R	IN1，OUT	
MUL	IN1，OUT	整数乘整数得双整数
*R	IN1，OUT	实数、整数或双整数乘法
*I	IN1，OUT	IN1×OUT=OUT
*D	IN1，OUT	
MUL	IN1，OUT	整数除整数得双整数
/R	IN1，OUT	实数、整数或双整数除法
/I	IN1，OUT	OUT/IN1=OUT
/D	IN1，OUT	
SQRT	IN，OUT	平方根
LN	IN，OUT	自然对数
LXP	IN，OUT	自然指数
SIN	IN，OUT	正弦
COS	IN，OUT	余弦
TAN	IN，OUT	正切
INCB	OUT	字节加1
INCW	OUT	字加1
INCD	OUT	双字加1
DECB	OUT	字节减1
DECW	OUT	字减1
DECD	OUT	双字减1
PID	Table，Loop	PID回路
定时器和计数器指令		
TON	Txxx，PT	通电延时定时器
TOF	Txxx，PT	断电延时定时器

定时器和计数器指令		
TONR	Txxx，PT	保持型通延时定时器
CTU	Txxx，PV	加计数器
CTD	Txxx，PV	减计数器
CTUD	Txxx，PV	加/减计数器
实时时钟指令		
TODR	T	读实时时钟
TODW	T	写实时时钟
程序控制指令		
END		程序的条件结束
STOP		切换到 STOP 模式
WDR		看门狗复位（300 ms）
JMP	N	跳到指定的标号
LBL	N	定义一个跳转的标号
CALL	N（N1，…）	调用子程序，可以有 16 个可选参数
CRET		从子程序条件返回
FOR	INDX，INIT，FINAL	For/Next 循环
NEXT		
LSCR	N	顺控继电器段的启动
SCRT	N	顺控继电器段的转换
SCRE		顺控断电器段的结束

通信指令

指　令			描　述
NETR	TBL，	PORT	网络读
NETW	TBL，	PORT	网络写
XMT	TBL，	PORT	发送
RCV	TBL，	PORT	接收
GPA	ADDR，	PORT	读取口地址
SPA	ADDR，	PORT	设置口地址

TBL 的定义

VB10	D	A	E	O	错误码
VB11	远程站点地址				
VB12	指向远程站点的数据区指针（I，Q，M，V）				
VB13					
VB14					
VB15					
VB16	数据长度（1~16B）				
VB17	数据字节 0				
VB18	数据字节 1				
VB32	数据字节 15				

附录 B S7-200 的输出窗口故障表

（1）致命错误代码及其含义

错误代码	错误描述
0000	无致命错误
0001	用户程序检查和错误
0002	编译后的梯形图程序检查和错误
0003	扫描看门狗超时错误
0004	内部 EEPROM 错误
0005	内部 EEPROM 用户程序检查和错误
0006	内部 EEPROM 配合参数检查错误
0007	内部 EEPROM 强制数据检查错误
0008	内部 EEPROM 默认输出表值检查错误
0009	内部 EEPROM 用户数据、DBI 检查错误
000A	存储器卡失灵
000B	存储器卡上用户程序检查和错误
000C	存储器卡配置参数检查和错误
000D	存储器卡强制数据检查和错误
000E	存储器卡默认输出表值检查和错误
000F	存储器卡用户数据、DB1 检查错误
0010	内部软件错误
0011	比较接点间接寻址错误
0012	比较接点非法值错误
0013	存储器卡空，或 CPU 不识别该卡

（2）非致命错误代码及其含义

错误代码	错误描述
0000	无错误
0001	执行 HDEF 之前，HSC 不允许
0002	输入中断分配冲突，已分配给 HSC
0003	到 HSC 的输入分配冲突，已分配给输入中断
0004	在中断程序中企图执行 ENI、DISI 或 HDEF 指令
0005	第一个 HSC/PLS 未执行完之前，又企图执行同编号的第二个 HSC/PlS

错误代码	错误描述
0006	间接寻址错误
0007	TODW（写实时时钟）或 TODR（读实时时钟）数据错误
0008	用户子程序嵌套层数超过规定
0009	在程序执行 XMT 或 RCV 时，通信口 0 又执行另一条 XMT 或 RCV 指令
000A	在同一 HSC 执行时，又企图用 HDEF 指令再定义该 HSC
000B	在通信口 1 上同时执行 XMT/RCV 指令
000C	时钟卡不存在
000D	重新定义已经使用的脉冲输出
000E	PTO 个数设为 0
0091	范围错（带地址信息），检查操作数范围
0092	某条指令的计数域错误（带计数信息）
0094	范围错（带地址信息），写无效存储器
009A	用户中断程序试图转换成自由口模式

（3）编译规则的错误代码及其含义

错误代码	错误描述
0080	程序太大无法编译
0081	堆栈溢出，必须把一个网络分成多个网络
0082	非法指令
0083	无 MEND 或主程序中有不允许的指令
0085	无 F0R 指令
0086	无 NEXT 指令
0087	无标号
0088	无 RET，或子程序中有不允许的指令
0089	无 RETI，或中断程序中有不允许的指令
008C	标号重复
008D	非法标号
0090	非法参数
0091	范围错（带地址信息），检查操作数范围
0092	指令计数域错误（带计数信息），确认最大计数范围
0093	FOR/NEXT 嵌套层数超出范围
0095	无 LSCR 指令（装载 SCR）
0096	无 SCRE 指令（SCR 结束）或 SCRE 前面有不允许的指令
0097	程序中有不带编号的或带编号的 EU/ED 指令
0098	程序中用不带编号的 EU/ED 指令进行实时修改
0099	隐含程序网络太多

参考文献

[1] 许翏. 工厂电气控制设备. 北京：机械工业出版社. 2008.

[2] 舒大松. 数控机床电气控制. 北京：中央广播电视大学出版社. 2009.

[3] 张伟林. 电气控制与 PLC 应用. 北京：人民邮电出版社. 2012.

[4] 潘毅. 机床电气控制. 北京：科学出版社. 2013.

[5] 徐乐文. 电气控制与 PLC. 北京：机械工业出版社. 2014.

[6] 晏华成. 电气控制与 PLC 应用技术项目式教程. 北京：机械工业出版社. 2014.

参考文献

[1] 陈众. 工厂气动图样识读. 北京: 机械工业出版社, 2008.

[2] 张大松. 液压传动与气压传动. 北京: 华中科技大学出版社, 2009.

[3] 张小林. 电气控制与PLC应用. 北京: 人民邮电出版社, 2012.

[4] 廖常初. 电气控制与系统调试. 北京: 科学出版社, 2013.

[5] 钟肇柔. 电气控制与PLC. 北京: 机械工业出版社, 2014.

[6] 史宜巧. 电气控制与PLC应用技术项目化教程. 北京: 机械工业出版社, 2014.